浙江省普通高校“十三五”新形态教材

红帮文化简明读本

Concise Reading
of Hongbang Culture

冯盈之 / 主编

ZHEJIANG UNIVERSITY PRESS
浙江大学出版社

图书在版编目(CIP)数据

红帮文化简明读本 / 冯盈之主编. — 杭州 : 浙江大学出版社，2020.10

ISBN 978-7-308-20565-8

Ⅰ. ①红… Ⅱ. ①冯… Ⅲ. ①服饰文化—宁波—高等职业教育—教材 Ⅳ. ①TS941.12

中国版本图书馆CIP数据核字(2020)第171083号

红帮文化简明读本

冯盈之 主编

组稿策划 朱 玲
责任编辑 朱 辉
责任校对 葛 娟 郑孝天
封面设计 春天书装
出版发行 浙江大学出版社
(杭州市天目山路148号 邮政编码310007)
(网址:http://www.zjupress.com)
排 版 杭州朝曦图文设计有限公司
印 刷 杭州钱江彩色印务有限公司
开 本 787mm×1092mm 1/16
印 张 9
字 数 214千
版 印 次 2020年10月第1版 2020年10月第1次印刷
书 号 ISBN 978-7-308-20565-8
定 价 32.00元

编 委 会

主　编　冯盈之

副主编　江雪芳　方玉凤

编　委（按姓氏笔画排序）

王丁国　方玉凤　冯盈之

江雪芳　余赠振　张宏儿

茅惠伟　林　坚　夏春玲

顾　问　季学源

前　言

红帮裁缝是中国服装史上一个有着重要历史性贡献的创业群体,是宁波帮的组成部分。在百年创业历程中,红帮裁缝不但取得了服装设计制作理论和实践方面的多项实绩,而且形成了自己的职业品格、行业风范,并经过积淀涵育了丰厚的"红帮文化"。红帮文化具有鲜明的地域特色、行业特色和职业特色,是优秀的区域文化、行业文化和职业文化;同时,其体现出来的先进性、激励性,又具有大学文化的特性。红帮文化具有"敢为人先、精于技艺、勤奋敬业、诚信重诺"的思想底蕴,已经成为新红帮人乃至整个中国服装业的文化灵魂,同时也体现了职业文化的四个核心要素:职业理想、职业技能、职业道德、职业情怀。

作为一所以纺织服装为主要特色的高职学校,一直以来,我校紧紧依托宁波纺织服装产业的特殊背景,将红帮文化精髓与精湛技艺融入学校的办学理念,在"修德、长技、求真、尚美"校训的指引下,把"兴红帮、学红帮、传红帮"作为办学的核心价值取向,紧紧围绕人才培养目标,秉承红帮精神,构建特色鲜明、开拓创新、全面育人的以传承红帮精神为目的的素质教育工作体系。这一理念充分体现了我校适应地方发展,服务区域经济,重视现代社会对高素质人才的需要以及学生个性发展的需要,培养学生成为专业有技能、就业有优势、创业有能力、提高有基础、发展有空间,能适应生产、建设、管理、服务第一线需要,具有精湛技术、良好职业素养,能够可持续发展的人才。

红帮文化已成为浙江纺织服装职业技术学院最具特色的校园文化品牌,也是思想政治教育工作的重要资源。

思想政治教育的最终目的是"实现人的自由而全面的发展",而人的生存和发展离不开文化的作用,高校思想政治教育也同样植根于文化的土壤之中。红帮文化正是以其深厚的历史人文底蕴和鲜明的地域特色,为我校思想政治教育以及以红帮文化为主线的课程思政的有效开展奠定了人文基础。

立德树人有道,春风化雨无声。要把思想政治教育工作贯穿教育教学全过程,实现全程育人、全方位育人,还需要打通思政教学体系的"任督二脉",实现课堂内外、线上线下的无缝对接,将思政教育渗透到大学生活的方方面面。而这一本《红帮文化简明读本》,就是让我们了解、结合行业特色的最接近现实、最接地气的思政理论课教育资源,使学生们近距离感受地方特色文化的独特魅力，同时强调“德”能够在“行”中成长，使高校思想政治教育更具吸引力、感染力。

《红帮文化简明读本》是一本通过“融入”，推进“立德树人”与“以文化人”结合、思政课与大学生专业教学结合的读物。作为思政理论课的补充教材，这本书不仅把提升大学生的政治品质、思想觉悟、文化素养和专业素质融为一体，也使思政理论课教学更能“入耳入脑入心”。

希望红帮的后人们能够在空闲时间读一读、悟一悟。

目录 CONTENTS

第一章 红帮源流

一 渊源背景

(一)本帮基础

本帮裁缝,发源于宁波地区的慈溪、宁海等山区小镇。这些地方的居民世代以务农为生,但农业上的收成不足以养家糊口,于是人们不得不从事一些其他行业以维持生计,其中一个重要行业便是裁缝,并逐渐外出营生。

光绪《慈溪县志》记载,邑人"四出营生,商旅遍于天下"。宁波的成衣业早在明朝就已打入北京。在明末清初期间,宁波商人向北京及沿江、沿海的城镇发展,在北京的宁波商人经营的主要行业是药材和成衣。1624年,北京曾有宁波王姓裁缝在活动。宁波裁缝到了清初就垄断了北京的成衣业。

由清朝慈溪人尹元炜辑录、冯本怀参订,出版于道光年间的慈城地方文献《溪上遗闻集录》(卷八)记载:清顺治戊戌进士王枚中举后旅居北京,这期间发现慈溪人寄葬的一块坟地在明末清初时被当地人侵占,使得"慈人之业艺都门者众,即客死,旅骨无所归",王枚就组织乡人,"约同邑旅宦诸人,鸣之当事,请出之,复为之计久远",争回了被当地人占去的一大片坟地。这说明当时北京慈溪人已经很多,而且"业艺者"(以手艺为业的人)更是占据相当大的比例。

行会组织的形成是行业成熟的标志。慈帮裁缝的形成是在明朝后期到清朝中期,主要标志是浙慈会馆(即浙江慈溪县成衣行商人会馆)的建立。

据记载,宁波慈溪人在乾隆年间就已在北京建立了成衣会馆"浙慈馆",馆里立有乾隆三十七年(1772)《财神庙成衣行题名碑》、道光二十九年(1849)《重修财神庙碑》和光绪三十一年(1905)《财神庙成衣行碑》。其中以光绪年间的碑记述最为详细,内称:"在南大市路南创造浙慈馆,建造殿宇、戏楼、配房,供奉三皇祖师神像。当时成衣行皆系浙江慈溪人氏(今宁波慈城),来京贸易,教导各省徒弟,故曰浙慈馆,专归成衣行祀神会馆,历年行中唱戏庆贺。"从中可以看出,慈帮裁缝在京师十分兴盛。由于浙慈会馆规模大,又有戏楼,每年除本行祭祀、唱戏庆贺外,附近较小会馆也纷纷借浙慈会馆唱戏祭神。从碑石来看,浙慈会馆至晚在乾隆三十七年已建成,一直到光绪三十一年再度立碑,可谓历史久远。《财神庙成衣行碑》还刻有当时73位慈帮裁缝的姓名。

慈溪人杨泰亨为同治四年(1865)进士,光绪《慈溪县志》编修,他在写于咸丰、同治年间的《佩韦斋随笔》中对此也有描述,写出了对浙慈会馆长期被慈溪来京裁缝占据的不满和无奈,同时又写出了慈溪裁缝人数众多,不但在事实上把慈溪会馆改成了成衣会馆,而且还设有估衣所:

“旧慈溪会馆在前门外东小市……前嘉靖间袁文荣公炜旧宅边，公捐宅为馆……”“国朝来吾邑宦京师者少，而旅寓多缝人，俗竟称为成衣会馆焉。余自咸丰己未抵京，应礼闱试，同乡人有觞余于会馆者，见戏台一座尚在院中，移奉文昌栗主于东厢，其门外则仍为浙慈会馆也。时胡丈友山江官刑部，谓年远无稽规复旧制为难。东院旧有碑，详叙会馆缘起，今为僧人所毁灭云。同治庚午(1870)正月二十三日，余偕罗伦言朝宣、周少山咏诣，馆见门屋数间，为估衣所，寓馆之东寓，改造财神殿已北向署门矣，寻石碑有三块，皆系乾隆年间所更立者，另一旧碑石工已凿而新之，冀灭其迹为财神殿之碑碣也。”

上述这些，标志着以慈帮为先驱的宁波本帮裁缝已经形成。

(二)经商传统

宁波位于浙东沿海，背靠四明山，上海《四明公所义冢碑》中说这里“襟山带海，地狭民稠，乡人耕读外，多出而营什一之利”。民国《鄞县通志·文献志·礼俗》记载：“商业为邑人所擅长，惟迩年生齿日盛，地之所产不给于用，本埠既无可发展，不得不四出经营以谋生活。”

宁波重商、惠商的观念以及后来产生的“工商皆本”的思想根深蒂固并成为一种传统。随着近代城市和工商业的发展，原本“穷家难舍，故土难离”的农民、乡间工匠开始新的生活求索，揖别故乡，四出探寻新的生活出路。

北京作为政治文化中心，成了浙慈帮发展的首选。清朝钱泳的《履园丛话》记载：“成衣匠各省具有，而宁波尤多，今京城内外成衣者毕宁波人也。”

一衣带水的上海历来是宁波商人的聚集地。《四明公所年庆会会规碑》中说：“惟吾四明六邑(即旧宁波府下辖的鄞县、镇海、奉化、定海、慈溪、象山六县)，地狭人稠，梯山航海出国者固属众多，挈子携妻游申者更难悉数。”航运的开通，加快了宁波商人的步伐。《上海通志·交通运输卷》记载，清同治元年(1862)美商旗昌轮船公司开通宁波上海间的客运，之后又有其他外商及华商加入，“1913年，沿海各线以申甬线客运量最大，1919年接近100万人次”。

宁波裁缝是早期进入上海的商帮之一。《上海通志·商业服务业卷》记载：“清乾隆六十年(1795)，上海县城出现苏广成衣铺，取意所做成衣采用苏州工艺、广州款式。嘉庆二十二年(1817)，上海成衣司邢金备和成衣商朱朝云等8人发起，在县城内郡庙之东(今南市区硝皮弄)建轩辕殿成衣公所，成衣铺有沪、苏、甬帮，至1920年，又有常、锡、镇、扬、杭帮。”又据《上海掌故辞典》：“约同治以后，苏帮大多改作顾绣业，轩辕殿基本上被宁波帮控制。”

沿江、沿海交通便利的城镇是宁波本帮裁缝的又一拓展目标，如汉口等地。宁海前童的童方根主编的《塔山童氏谱志》记载，光绪初年前童沈坑岙的童汉贤、童汉攀二人于“三北创成衣作场”，继起者有童可顿、童长善等百人，甬沪通航后，童九如等去沪开展成衣业务，后由沪拓业到汉口。在1918年汉口总商会所列的各帮会员花名册中，宁波的成衣帮、典当帮、新旧银楼帮、杂粮帮、药材帮均名列其中。

本帮裁缝与宁波商帮基本上是同步发展的，商帮所到之处，诸如上海、北京、天津、汉口、重庆、昆明、厦门、香港等城市，都有本帮裁缝的业绩。

(三)转型发展

清朝中后期,来中国的西洋人逐渐增多,西式服装的需求也不断增加。一部分本帮裁缝敏锐地捕捉到其中的商机,开始仿制、研制西式服装。我国民间不辨西洋人的国籍种族,往往因早期来华的荷兰人多为红发而统称西洋人为“红毛人”,由此也把为西洋人制作服装的裁缝称为“红帮”,以别于“本帮”。从此,红帮裁缝应运而生。

近代以来,国门洞开,社会变革剧烈反复,西风东渐冲击猛烈,我国的服饰趋向多元发展,西式服装逐渐登上社会舞台。红帮裁缝于19世纪中叶陆续从宁波农村到上海、横滨等中外大城市创业,开始在服装制作业大展身手。自20世纪20年代开始,红帮裁缝以上海为基地,迅速成为一个生机勃发的专业群体。他们顺势而为,一改中国几千年的服装制作工艺,率先采用西方立体设计、按人体部位裁剪的技术,缝制出的服装合体适用,成为中国近代服装业中一个有着重要历史贡献的创业群体。

红帮裁缝先后创造了中国服装史上的若干个“第一”,诸如制作第一套西服、制作第一套中山装、出版第一部西服理论著作等,为中国服装现代化开辟了一个新的历史时期;涌现出了爱国西服商王才运、西服理论家顾天云、国服高手王庭淼等杰出人物;经历了“横滨港习艺、上海滩成名、沪宁线延伸、京津城引领、东三省跨越、大武汉创优、大西部倾情、东南亚拓展、港澳台溢彩、三江口奉献”的开拓历程。

红帮裁缝在新的历史条件下,在不长的时间里完成了身份的历史性转换,完成了新兴工商文化对传统农耕文化的历史性超越,成为中国服装史上一个特殊和重要的群体,并形成了富有自身特点的行业文化和创业精神。

视频:宁波市社科云讲坛——红帮发展

当我国经济发展进入新的历史阶段之后,1956年,上海有21家红帮名店移师北京,为新中国的服装事业做出了新的贡献。20世纪80年代,红帮裁缝又为中国服装产业特别是家乡宁波服装产业的腾飞立下了汗马功劳。可以说,现代宁波服装产业是老一辈红帮裁缝手把手教出来的,红帮裁缝的美名传颂至今。

二 名人名店

(一)名人名店举要

1. 江良通、江辅臣,父子功臣

江良通,字仕有,于清同治十一年(1872)出生在宁波奉化江口(现为江口街道)一个叫前江村的小村庄。

江良通一家仅靠租赁几亩田艰难维持生活。自小头脑活络的江良通不甘心一辈子面朝黄土背朝天,重复祖辈的生活,一心想着要外出闯荡,在和弟弟江良达合计后,两人一起到日本学习制作西装的手艺。

19世纪80年代末,年轻的江氏兄弟坐着夜航船,沿着剡江来到宁波,又坐船到上海,从

上海再到日本横滨。江良通兄弟来到横滨后,找到早在那里从事西服业的宁波老乡学习手艺。

数年后,江良通兄弟学成回国,选择在上海创业。清光绪二十二年(1896),兄弟俩在上海北四川路(后更名为四川北路)8号开设西服店,取名"和昌号",为上海早期西服店之一。后因店铺规模扩大,原有的小店铺已经不能适应经营所需,他们便把西服店搬迁到静安寺路407号(今南京西路),成为静安寺路上较早的商家之一。江良通英年早逝后,由弟弟江良达代管店铺。

江辅臣是江良通的第二个儿子,在上海长大,自小聪慧好学。他高中毕业后到一所法国教会学校——圣芳济学院读书。江辅臣从圣芳济学院毕业后,接管了父亲的事业,担任和昌号西服店经理。老一辈西服裁缝大都不懂英文,与洋人沟通有语言障碍,接受过西方文化熏陶的江辅臣能讲一口流利英语,在和外国人做生意时得心应手。那时候的静安寺路尚属于英租界,江辅臣西装革履,仪态潇洒,用英语与洋人交谈,很快打开了局面。

江辅臣接手和昌号后,既善于经营管理,又乐于扶植同乡同业,因此在业界有很高的威望。1937年,他被公推为上海市西服业同业公会理事长,此后连任3届。担任理事长期间,他经常四处奔波,维护同业利益,为红帮裁缝在上海的形成和发展倾注了大量心血,是早期红帮裁缝的创业功臣。

2. 王才运,制作中山装功勋卓著

王才运,宁波奉化江口王溆浦村(今属江口街道)人。13岁随父亲王睿谟离乡赴上海,先在一家杂货店当学徒,不久跟随父亲改学裁缝。

1910年,王才运与同乡王汝功、张理标合伙,在南京路西藏路口开设了荣昌祥呢绒西服号;1916年,3人拆股,王汝功、张理标退出荣昌祥,荣昌祥由王才运独资经营,资金达10万银圆。

荣昌祥呢绒西服号地段佳,位于南京路与西藏路交汇处,是上海最繁华的闹市区域;规模大,3层10开间门面,装潢气派,成为当时上海著名的西服专业商店之一。

以王才运为代表的红帮裁缝对中山装的定型与大规模推广起到了重要作用。

2009年,宁波服装博物馆研究人员在上海市图书馆找到了1927年3月26日、3月30日的《民国日报》,报纸头版刊登了两则广告。

其中一则是荣昌祥号的广告:

> 民众必备中山装衣服。式样准确,取价特廉。孙中山先生生前在小号定制服装,颇蒙赞许。敝号即以此式样为标准。兹国民革命军抵沪,敝号为提倡服装起见,定价特别低廉。如荷惠定,谨当竭诚欢迎。

从3月26日起,荣昌祥的这则广告连登了三天。

另一则是过了4天的3月30日,由王顺泰西装号刊载的广告:

> 中山先生遗嘱与服装。革命尚未成功,同志仍须努力,乃总理遗嘱也。至于中山先生之服装,则其式样如何,实亦吾同志所应注意者。前者小号幸蒙中山先生之命,委制服装,深荷嘉奖。敝号爰即取为标准,以供民众准备。式样准确,定价低廉。尚蒙惠临定制,谨当竭诚欢迎。

民國日報
THE REPUBLICAN DAILY NEWS
民衆必備 中山裝衣服 式樣準確 取價特廉
榮昌祥號啓
東路軍前敵總指揮部政治部啓事
國民革命軍東路軍前敵總指揮部啓事（一）
國民革命軍東路軍前敵總指揮部啓事（二）
國民革命軍第一軍第一師司令部副官處啓事
國民革命軍東路軍前敵總指揮部副官處啓事（一）
招考宣傳員
白濁聖手

民國日報
THE REPUBLICAN DAILY NEWS
總司令部啓事
中山先生遺囑與服裝
王順泰西裝號
中山紀念眼鏡
文學大綱
二天
東路軍前敵總指揮部政治部啓事
國民革命軍東路軍前敵總指揮部啓事（一）
國民革命軍東路軍前敵總指揮部啓事（二）
白濁聖手

两家服装店在报纸上做的广告（宁波服装博物馆提供）

广告中传递的信息表明，中山装是在上海的宁波红帮西装店定型并由红帮裁缝积极推广的。

当然，据笔者分析，以上两则广告指向实为同一个事件，即荣昌祥制作中山装一事，因为王顺泰西装号是由王辅庆于1926年从荣昌祥号分立出来的（孙中山先生逝世于1925年3月12日）。

在革命先行者孙中山先生的倡导下，在王才运等红帮裁缝的共同努力下，中国服装发生了巨大的变化。

3. 许达昌，铸造金字招牌“培罗蒙”

许达昌，原名许恩孚，宁波舟山定海（舟山当时隶属于宁波）人，培罗蒙的创始人。

许达昌创建的培罗蒙，至今已经历了将近百年的发展、拓展和创新。

20世纪二三十年代是培罗蒙发展的第一阶段。许达昌凭着善于经营的精明头脑和一丝不苟的敬业精神，精心打造经营环境，不拘一格选用人才、培育人才，以高质量、高品位的服装确保得到高层次客户的长期青睐。在许达昌的精明经营下，培罗蒙以制作英式绅士西服、摩根礼服、燕尾服、晚礼服、骑士猎装、马裤等西式男装为特色，在众多中外同行中脱颖而出，成为西服定制的“头牌名旦”，被人们称为沪上“西服王子”。

20世纪40年代末，培罗蒙移师香港，开始发展的第二阶段。凭着其一贯拥有的高超的技艺、上乘的质量、精明的经营和优质的服务，培罗蒙又创下了辉煌的业绩，被海外媒体赞为“最正宗的上海招牌”。香港培罗蒙的客户中，名流如云：包玉刚是培罗蒙到香港后最早的客户之一，每逢出埠做生意，他都会提前2个月来定做西服；邵逸夫是培罗蒙的长期客户，与他同来的还有利国伟、许世勋、李文正等；李嘉诚要做西服，会让培罗蒙派师傅上门服务；还有董建华父亲董浩云、荣毅仁父子……培罗蒙成了名流们的专门服装店。以“最正宗的上海招牌”来称道香港培罗蒙，可谓实至名归。

许达昌一直坚持一个准则：“在‘培罗蒙’这块招牌下，我们的西装要坚持传统，要贡献真正高级的西装。”培罗蒙移师香港后，正是依靠红帮的传统特色独树一帜，声名远播，闪耀国际服装界。

20世纪50年代伊始，培罗蒙踏出国门，拓展到日本，开始发展的第三阶段。在戴祖贻的主持下，日本的培罗蒙不但生意隆盛，而且享誉东西方，戴祖贻被大家称为“培罗蒙先生”。

戴祖贻，宁波镇海霞浦镇戴家村（今属宁波市北仑区）人。1934年6月，年仅14岁的戴祖贻到上海拜许达昌为师。经过十余年的磨炼和积累，戴祖贻不但增长了知识，学到了西服裁剪制作技艺的精髓，而且丰富了人生阅历，掌握了经营之道。

视频：红帮老人戴祖贻访谈录

1950年，戴祖贻受命于业师，主持日本的培罗蒙。几十年间，培罗蒙先后为美国总统福特、日本内阁大臣及商界领袖、20多国驻日本大使、日本的文体明星等精制了数以万计的西装。

4. 红都，民族品牌，领袖风采

为了繁荣首都的服装业，在周恩来总理的亲切关怀下，1956年3月从上海迁到北京的21家老企业实行强强联合，重组成7个地方国营的服装店——“雷蒙”“波纬”“蓝天”“造寸”“万国”“金泰”“鸿霞”，后与中央办公厅附属加工厂合并组成北京红都时装公司。

60多年来，红都一直秉承精益求精的光荣传统，为党和国家领导人、外宾及“两会”代表等社会各界人士提供制装服务，曾先后为毛泽东、邓小平、江泽民、胡锦涛、习近平等党和国家领导人及西哈努克亲王、莫尼克公主、布什总统等外国首脑制装，以做工精细、服务周到获得广泛好评，并经受了市场的严峻考验，成为名扬中外的知名品牌。

首任经理余元芳，宁波奉化白杜乡泰桥村人。1949年2月，他和兄长余长鹤在上海开设波纬西服店，为上海第一任市长陈毅做了新中国第一套西服。在红都，他先后为党和国家领导人、外国元首、驻华领馆人员等制作服装，被誉为“服装国师”和“西服国手”。

从20世纪50年代到60年代，周总理的内衣外套几乎都出自余元芳之手。每逢出国访问，或参加重大国际会议，或会见外国贵宾，周总理总是委托余元芳准备中山装或西服。1964年，余元芳被周总理安排到会见厅，目测来访的西哈努克亲王及妻子、王子，以便为他们三人制作大衣和西装。过了两天，衣服交货，西哈努克亲王一家穿上后拍手叫绝，由此可见余元芳技艺之精。

王庭森

第二任经理王庭森，宁波鄞县甲村（今属宁波市鄞州区）人。中共八大召开前，中央办公厅想为毛泽东主席特别制装，于是挑选了田阿桐、王庭森等人进京，专为领导人制作服装。

为适应毛主席的体形，田、王等人对传统中山装的款式进行了改造，将中山装的小领改成了新型尖领，领口增开到46厘米；上衣前阔及后背加宽，后片比前片略长。毛主席穿着这件银灰色中山装拍的标准像悬挂在天安门城楼上。

第三任经理陈志康，宁波奉化溪口岩头村人，13岁从师，15岁出师。

视频：红都——中华老字号

陈志康接任经理的时候，我国已经实行改革开放，中国逐渐成了世界西服大国。20世纪90年代以后，全国各地的顾客慕名而来，纷纷到红都定制服装。陈志康适时关注全国人民的服装新需求，先后在山西太原、河南洛阳、江苏南京、云南昆明等大中城市开办了红都分部，让红帮之风吹遍全国。

(二)名人名店略举(见表1-1)

表1-1 名人名店

姓名	创业时间	出生地	创业地	店号	业绩
张尚义(1773—1832)	19世纪初	鄞县茅山孙张漕村	日本横滨、东京、神户	同义昌西服店、公兴昌西服店	第一个做西装的宁波裁缝、第一个开西服店的人:“红帮第一人”
王睿谟(1846—1924)	1900年	奉化江口王溆浦村	上海	王荣泰洋服店	用中国的面料为中国革命的先驱者之一徐锡麟制作了一套西服,被后来人誉为红帮“第一套西服”
王才运(1879—1931)	1910年	奉化江口王溆浦村	上海	荣昌祥呢绒西服号	“模范商人”,是20世纪前期上海西服业界的领军人物。他创办的荣昌祥呢绒西服号在西服业界长期昂立榜首,他培养的西服业传人在20世纪三四十年代几乎垄断了上海南京路上的西服店
王宏卿(1900—1972)	1937年	奉化江口王溆浦村	武汉	华商被服厂	华商被服厂是军用物资专业工厂,大批量生产军装、军用被服、水壶等军需产品,为抗战做出过杰出贡献
江良通(1872—1900)	1896年	奉化江口前江村	上海	和昌号西服店	和昌号是中国最早的西服店之一
江辅臣(1897—1984)		奉化江口前江村		和昌号西服店	早期红帮裁缝的创业功臣
李来义(1859—?)	1879年	奉化西坞李家师桥村	苏州	李顺昌西服店	江苏西服业的奠基人,创办了苏州第一家西服店
顾天云(1883—1963)	20世纪初	鄞县下应顾家村	日本东京,上海	宏泰西服店	开创红帮服装科学文化研究之先河,编著了中国第一本现代服装专著《西服裁剪指南》。先后参与红帮名店联合举办服装培训班、夜校、上海裁剪学院、上海私立西服业初级工艺职业学校

续表

姓名	创业时间	出生地	创业地	店号	业绩
王廉方（1885—?）	1915年	奉化江口王溆浦村	上海	裕昌祥呢绒西服号	
许达昌（1895—1991）	1928年	舟山定海	上海、香港、日本东京	培罗蒙西服号	被誉为“西服王子”，美国《财富》杂志称其为全球八大著名裁剪大师之一。创办的培罗蒙遍布海内外
戴祖贻（1920— ）		镇海霞浦戴家村		培罗蒙西服号	许达昌高徒，负责经营日本培罗蒙
史久华（1881—?）	20世纪初期	鄞县东桥王家湾	南京	庆丰和西服店	高质量完成大批革命军军服，受到孙中山的接见
殷伦珠	1911年	鄞县	哈尔滨	协兴洋服店	开设了哈尔滨第一家西服店
张定标	1929年	慈溪师桥	哈尔滨	瑞泰西服店	被誉为”东北第一把剪刀”
石成玉	20世纪30年代	鄞县	哈尔滨	兴鸿西服店	被誉为“服装博士”
陈清瑞三兄弟	1951年	鄞县	长春	三益(后更名为“瑞记”)西服店	开启了长春现代服装业的第一页
李秉德	20世纪20年代	宁波	北京	新记(后更名为“新丰”)西服行	
应元勋	20世纪30年代	宁波	北京	应元泰西服店	善创新颖款式，被北京人称为“摩登派”
徐慈红	20世纪20年代	宁波	北京	徐顺昌西服店	有“中山装专家”之誉
楼景康（1922—2013）		鄞县甲村		雷蒙西服店	“雷蒙名剪”，以“七工制”的精工细作取胜，京剧大师梅兰芳等都是他的主顾。以西服民族化为大目标，是海派西服的创始人之一
戴永甫（1920—1999）		鄞县古林戴家村			“D式裁剪”的创始人，发明了“衣料计算盘”(获国家专利)，先后出版《怎样学习裁剪》《D式服装裁剪蓝图》《服装裁剪新法——D式裁剪》等著述

续表

姓名	创业时间	出生地	创业地	店号	业绩
谢兆甫（1927—1997）	1954年	鄞县白岳四明山村	上海	谢兆甫裁剪缝纫传授所	培养的学生数以万计，遍及沪、浙、苏、鲁、闽、赣、晋、滇、陕、川等地
陆成法（1918—1995）		鄞县下应江陆村			被称为“裁缝状元”“一代名剪”，辛勤扶持培罗蒙、罗蒙、培罗成等服装企业
余元芳（1918—2005）		奉化白杜泰桥村			红都服装公司第一任经理
王庭淼（1922—1996）		鄞县甲村			红都服装公司第二任经理。他和田阿桐为毛主席制作的“毛式中山装”成为经典服装
陈志康（1934— ）		奉化溪口岩头村			红都服装公司第三任经理
陈阿根			哈尔滨		以“正反面阿根”出名，做的西装正反面一样
陈和平				格兰西服公司	从2002年起，连续多年在国际性的赛事中获得多项大奖，被誉为“世界级剪刀手”

第二章 红帮的历史贡献

在中国服装发展的进程中，红帮做出了不可估量的贡献，在中国服制的改革史上，更是树立了具有革命意义的里程碑，奠定了红帮不可替代的历史地位。在新的历史时期，红帮开启了新的历史征程，继往开来，助推红帮故乡——宁波的服装业腾飞，写下了辉煌的历史新篇章。

一 参与颠覆旧服制

在中国服装史上，有几次声势浩大的服装改革：秦始皇统一六国车骑舆服，赵武灵王推行胡服骑射，北魏孝文帝改革服装实行汉化，清朝推行剃发易服的高压改制。古代的这几次大的服装改革都是出自统治阶级实现自己强有力的专制统治的需要，都是自上而下的变革。一方面，在一定的历史时期，每一次的服饰改革各有其政治意义，使各民族文化互相融合，服饰文化也在互相交融的过程中得到了发展。但另一方面，中国古代的几次服饰改革都没有从根本上触动封建服饰等级制度，"人分五等，衣分五色"的制度没有改变。

而红帮参与的中国近代服制改革，是在民主主义革命推翻漫长的封建专制制度的历史条件下展开的。它是下层民众中的裁缝与民主革命家一起谋划、一起推广的一次划时代的服制革命。红帮裁缝融入革命，洋为中用，改制西服；化洋为中，创制国服；融贯中西，改良旗袍。在颠覆旧服制的征程中，红帮裁缝成了先锋队伍。

（一）服制变革的冲锋号——辛亥革命

从1911年辛亥革命爆发到1912年中华民国成立，服制改革也成了革命实践的一部分。

孙中山在早期的革命活动中就提出了"易服旧装"的革命主张。1894年，孙中山为中国近代史上第一个资产阶级革命团体——兴中会草拟了章程，在其中明确指出："中国积弱，非一日矣！……近之辱国丧师，剪藩压境，堂堂华夏不齿于邻邦，文物冠裳被轻于异族。"他认为，一个民族冠裳的落后就是民族文化的落后，民族要想改变被忽略、被轻视的地位必须革命，政治革命进程中必须有服饰革命。

1895年10月的广州起义失败后，孙中山逃亡日本，在那里他被日本明治维新的实践成果深深地吸引住了。

在明治维新期间，西风东渐，日本的改革家们大刀阔斧、雷厉风行地进行改革，结合日本的实际国情引进西方先进的社会制度、科学技术，取得了很好的成效。为了彻底改革旧制，日本还进行了服饰改革，1871年提出不束发和不带刀的法令，第二年颁布了《太政官布告第三七三号》，废除封建的礼服制，改用西式服装。这一系列举措取得了立竿见影的效果。这使多年来呼吁服饰改革但无成效的孙中山受到了很大启发。

孙中山在神户、横滨成立了兴中会分会。1895年底，孙中山在横滨剪去辫子，穿上了日本的新式学生装和西装，以示抛弃封建朝廷强行推行的封建服装，与封建主义决裂。他非常清醒地认识到，清王朝的服饰是民族压迫和封建政治压迫的重要标志之一，清朝服饰制度是封建文化的重要组成部分，必须加以改革。

辛亥革命前夕，革命党人黄藻在《论发辫原由》中提出："合古今中西而变通之，其唯改易西服，以蕲进于大同矣。既有西装之形式，斯不能不有所感触，进而讲求西装之精神。"1911年12月27日，孙中山会见各省都督府代表联合会代表时指出："从前换朝代，必改正朔，易服色，现在推倒专制政体，改建共和，与从前换朝代不同，必须学习西洋，与世界文明各国从同。"1912年元旦，孙中山宣誓就任中华民国临时大总统后，即宣布剪辫易服，废除跪拜礼等旧式礼节。在《辛亥革命回忆录》各卷前面的插页中，孙中山在日本与同盟会会员合影，30多人都穿西服；孙中山在新加坡与同盟会华侨会员合影，14人均着西服或学生装；孙中山与底特律同盟会会员合影，14人均着西服；孙中山与旧金山洪门筹饷局同志合影，18人均穿西服。从图文并茂的《共和国的追求与挫折——辛亥革命》中也可以看出，辛亥革命前后在国内外的革命志士基本上都穿西服或学生装。

资产阶级革命派无论在理论上还是在实践上都是彻底的断发易服者。在他们的影响下，武昌起义后，江西、湖北、四川等地的革命志士、汉族人民便纷纷断发易服。《辛亥革命回忆录》中记载："当时为了恢复汉族衣冠，许多人奇装异服。有的绾结成道装，有的束发为绺，有的披头散发，有的剪长辫为短发。"

辛亥革命结束了两千多年的君主专制制度，推翻了中国最后一个封建王朝，同时也推翻了中国几千年来以等级为核心的服饰体制。中华民国成立后，制定《中华民国临时约法》，其中明确规定，中华民国国民不分种族、阶级、宗教信仰，一律平等，否定了用以维系封建等级制度的不平等的衣冠之制。临时大总统孙中山为了适应革命形势的需要，于1912年1月5日颁布了中国历史上第一个彻底的西方化、现代化的陆军服制——《军士服制》，规定："军衣军帽，无分阶级，一律黄色；惟肩章领章及袖口，则按照阶级，分为五色……"同年10月，政府以公报的形式颁布新服制，其中礼服的规定如下："男子礼服分为两种：大礼服和常礼服。大礼服即西方的礼服，有昼夜之分。昼礼服长与膝齐，袖与手脉齐，前对襟，后下端开衩，用黑色，穿黑色长过踝的靴。晚礼服似西式的燕尾服，而后摆呈圆形。裤，用西式长裤。穿大礼服要戴高而平顶的有檐帽子，晚礼服可穿露出袜子的矮筒靴。常礼服两种：一种为西式，其形制与大礼服类似，惟戴较低而有檐的圆顶帽；另一种为传统的长袍马褂，均为黑色，料用丝、毛织品或棉、麻织品……"大礼服的规定体现了对个人自由的尊重，官员的礼服虽不同于民众，但这种服制打破了等级界限，在平等意识上起到了示范作用，西方服饰也首次得到了中国官方的认可。

有人在1912年3月5日的《时报》上发表文章，列出22个变化："共和政体成，专制政体灭；中华民国成，清朝灭；总统成，皇帝灭……新礼服兴，翎顶补服灭；剪发兴，辫子灭；盘云髻兴，坠马髻灭；爱国帽兴，瓜皮帽灭；爱华兜兴，女兜灭；天足兴，纤足灭；放足鞋兴，菱鞋灭……"其中有7个是关于服饰的。可见，民众的服饰不再受封建等级制度约束，西服也开始为民众所接受，人们进入了穿着自由的时代。

(二)服制变革的标志——中山装

把服饰变革作为中国革命的一个重要问题来思考,这是孙中山始终坚持的一个原则。他领导的中国革命是一场史无前例的大变革,目标是“颠覆清廷,创造民国”,因此这一次的服饰变革也是一场颠覆性的服饰制度革命。一开始,他想直接采纳西方资产阶级的革命成果——新式西服,但又觉得不符合中国的国情,也不是他的理想,于是决定创制有中国特色的新式革命服装。他借鉴西方人文精神的精髓,吸取西方制作工艺的优点,连同许多裁缝,创制了中国的近代新装——中山装。

孙中山是中山装的总设计师、主创者,实现了他服制改革的政治理想。他认为,传统的长衫马褂虽然穿着方便、舒适,但却是旧时代的产物;当时流行的西服,虽然代表了男子服饰的主流,但穿起来太讲究、太烦琐。而中山装把以上两者的优点结合起来,穿起来既不复杂,又不失庄重,是适合中国男性穿的制服,正如他说的:“此等衣式,其要点在适于卫生,便于动作,宜于经济,壮于观瞻。”中山装既融入了中式服装对称、凝重的风格,又吸纳了西服合体、干练的特点。它有道德的寓意,没有等级的限制,根除了封建服制的等级区别,体现了民主、共和、自由的思想。

1929年,国民政府通令将中山装定为礼服。中山装具备六大特征。第一,立翻领。这与欧美的西装、日本的学生装鲜明地区别开来,体现了中国服饰文化含蓄、整饬、严谨的风格。第二,襟式独特。前襟是对襟襟式,正中对开,左右对称,在审美感受上给人以稳重、踏实、宁静的感觉,体现了民族文化传统。纽扣不是传统的盘扣,而是新式扣子,标志着推陈出新。后襟中间不分剪,表现整个中华民族是团结统一的大家庭,与孙中山在《临时大总统宣言书》中所提出的“民族统一,领土统一,军政统一,内治统一,财政统一”是一致的。第三,前襟有四个口袋。这是表示国之四维,即重视礼、义、廉、耻之意,同时寓有士、农、工、商职业平等之意。第四,前襟有五粒纽扣。这象征着“五族共和”“五权宪法”的思想。五族指的是汉、满、蒙、回、藏,武昌起义成功后,苏浙皖各省就以五色旗取代清王朝的黄龙旗,用五色指代上述五族。孙中山在谈话和文件中强调指出,反对清王朝不是反对满族,呼吁“合汉、满、蒙、回、藏为一家,相与和衷共济”。南京临时政府成立后,参议员即决定以五色旗为国旗。“五权宪法”是为粉碎君主专制制度而建立的新的政治体制,它既参照西方国家的政治体制,又区别于西方的三权分立,而是五权分立,即行政、立法、司法、考试、监察分立。第五,袖口有三粒纽扣。这寓意孙中山创立的三民主义,即“民族、民权、民生”的核心思想。他把民族独立、民主政权、民生幸福作为革命党人的“三大主义”。第六,前襟上口袋有两个笔架形袋盖。这象征知识分子在这场民主革命中的作用。

中山装的这六大特征,具有深厚的文化内涵,是这场服饰变革的标志,也是独一无二的。中山装自诞生以来就成了经典的中国男士的正装。

(三)服制变革的主力军——红帮裁缝

1. 洋为中用——改制西服

西服具体来说是指流行欧美的西式服装,人们多把翻领、三个口袋、衣长遮住臀部的上衣称为西服或西装,把与之相配的前片正中间开口、后臀部和两侧装有口袋的长裤子叫作西裤。西服一般多指男性服饰。在西方,西服也是革命的产物,它在形式上象征民主,是在轰轰烈烈的法国大革命之后定型、规范化的,并逐渐成为西方现代服装的主流,并以强大的生命力向世界各地传播。

19世纪中叶,正是西风东渐之时,西服作为西方文化的一种标志,再加上其实用的造型结构,对东方服饰产生了冲击。从西服本身来看,其孕育最早可以追溯到17世纪下半叶,经历了两个世纪的发展演变后,形成了适应工业社会需要的一种现代服饰形制。它的流行传播不仅仅是停留在服饰层面,更是西方民主主义、实用主义思想的传播。

明朝中后期,资本主义的萌芽开始出现在中国,之后,资本主义文化通过各种渠道传入中国。清康熙二十三年(1684)六月,康熙在一份关于对外通商的奏折中批复:"海洋贸易实有益于民。"次年,康熙宣布取消海禁,实行"开海贸易"。此后,来华的外国商人日益增多,随之而来的还有西方的文化。鸦片战争之后,中国国门洞开,西方文化更是汹涌而来,中华传统文化遭受前所未有的侵蚀和冲击。西方文明对中华文明从政治、经济、文化、社会等各个领域全方位进行冲击,古老的东方大国就这样被迫纳入了资本主义市场体系,但是其服饰还停留在古老传统的农业社会,与现代工业文明格格不入。

在资本主义的迅猛扩张下,像中国等一些后发型的东方国家根本来不及完成民族服饰的现代化改革,而西服所蕴含的先进理念与当时锐意进取的东方国家开明之士的思想契合,所以接受西服就成了一种自然的选择。之后,随着现代文明进程的推进,国人也发现了西服方便、实用等优点,于是中国裁缝的先行者开始学做西服。

宁波的本帮裁缝审时度势,成了这场西服革命的先锋队。起初,在国人还没接受西服的时候,他们为西方人服务,为他们缝补西服。在这些看似简单的缝补工作中,他们积累了制作西服的技术资本,从西服的缝补中探索西服的缝制、裁剪、熨烫等一整套制作工艺。后来,一些留学青年、新潮人物、有识之士和革命者纷纷穿起西服,这更为中国裁缝带来了契机。西服在中国刚出现的阶段,那些留学生、外交人士、商人,穿西服基本上是照搬,要么直接购置进口的西服,要么请西方裁缝为自己定制西服。在这个时候,红帮裁缝体现了其职业的敏锐性和敢为人先的精神,采用拿来主义,积极学习西服的各种工艺,洋为中用,按照国人的体型、性格、气质、生活环境等,对西服不断加以改进,制作出了有本土特色的海派西服。

红帮名店王荣泰洋服店的店主王睿谟,在革命者适时的鼓励支持下,在中国自己的城市里,用中国自己的面料,为中国革命先驱、光复会的重要领导者徐锡麟制作了中国第一套国产西服。徐锡麟是在日本进行革命活动时,因修补西服而结识了在日本学习西服工艺的王睿谟,异国遇见故乡人使两人感到分外亲切。王睿谟回国之后就在上海开设了王荣泰洋服店,徐锡麟得知后专程来到上海,他不买外国的布料,而是挑了中国人自己织的哔叽布,请王睿谟做西服。王睿谟花了三天三夜时间为徐锡麟做了一件全手工的西服,这就是中国的第一套国产西服。

清朝末期,朝廷曾几次下令禁穿西服,但历史的潮流是不可阻挡的,西服不但屡禁不止,还日渐风行。许多革命者都纷纷穿上西服,这为西服的流行在理论上、舆论上扫清了障碍。辛亥革命之后,人们的服饰审美观念发生了翻天覆地的变化,西方服饰的审美观念逐步取代了中国传统的服饰审美观念,人们日益接受适体、利落的西服。新文化运动后,许多报纸杂志刊登了比较中西服饰的文章,如《申报》就道出了国人选择西服的理由:“欧化逐渐东开,我国人士多喜穿着西装,取其穿之能使有活泼的气象,与振作的态度,而且便捷无拖沓,比之我国之长衣马褂,殊觉便利较多”“西人之衣服,较满洲式尤为便利,故今人多服之,亦大势所趋,非空言所能挽回者”。由此可见,国人穿着西服不是盲目跟风,而是一种理性的选择。穿着西服的中国人与日俱增,红帮裁缝的客户群体也逐渐发生了变化,由以外国人为主变成了以中国人为主。

新中国成立之后,楼景康、余元芳等大批红帮裁缝名师应邀前往北京,制作西服的红帮裁缝走上了更广阔的发展道路。历史证明,引进西服、使西服本土化,这是红帮人为中国现代服饰革命做出的伟大贡献。

2. 化洋为中——创制国服

红帮的孕育时期,也正是辛亥革命的酝酿时期,以孙中山为首的革命先行者呼吁改革旧服。革命成功后,孙中山觉得光靠引进来改变民族服制,显现不了自己民族的文化特色与思想意蕴,决定创制中国的新国服。这一具有历史意义的伟大构思给了红帮裁缝参与这伟大历史变革的机会。红帮的孕育、产生、发展与中国革命的历程步调一致,正是由于革命先行者的倡导,红帮才找到了中国民族服装的革新之路。或者更确切地说,近代中国的服饰变革是由革命者和红帮等一些先行裁缝共同完成的。

当一些革命者到日本学习其改革成功的经验时,红帮前辈们也东渡日本学艺、谋生。红帮前辈张尚义的子侄、王睿谟、江良通、顾天云等,相继来到日本的横滨、东京、神户等城市,有的考察、实习后回国创业,有的留在日本开办洋服店,有的往返于中日之间。顾天云还从日本远赴欧洲,在那里实地考察西服的市场、制作工艺。后来,去日本、朝鲜、俄国考察学习西式裁剪的人日益增多,到20世纪20年代,他们中的很多人都成了红帮的元老、中国服装革新的领军人物。

创制中山装的构想,最早也是在日本横滨诞生的,孙中山等一些革命先行者在那里建立了一个筹划革命的据点。孙中山第一次到横滨时,在接待、欢迎的人群中,有许多是服装行业的,其中就包括了宁波的红帮裁缝,他们成了孙中山革命事业的重要支持者。横滨是孙中山在日本近10年时间里从事革命活动的主要据点,也是红帮裁缝学艺、谋生之地。就在那里,红帮裁缝前辈张尚义的子孙与孙中山有了接触。孙中山曾偕黄兴等人前去张氏所开的同义昌洋服店,讨论了创制中国新服装的构想,张氏父子根据孙中山的构想试制了新装——中山装的初期款式。

当然,关于中山装的制作者还有几种说法:包昌法在《裁剪200问》里提到,孙中山从日本带回铁路工人装,交由上海亨利西装店试制,此装经过修改后成为中山装;马庚存在《平民总统孙中山》一文中说,孙中山不爱洋服,也不喜欢长袍马褂,“先生找曾当过裁缝的同盟会会员黄隆生,替他裁制了一种他自己设计的新式上装……这就是我们今天常见的中山装”;中国权威的服饰文化学家华梅在《中国服饰》中说,民国初年,留日学生从日本带回学生装,“衍生出了典型的现代中式男装——中山装”“1923年诞生以来,中山装成了中国男子通行的经典正装”;还有说是孙中山根据英国猎装的式样设计了一种革命新装,人们称之为“中山装”。

但根据多年来红帮研究者们收集到的大量原始资料,以及红帮前辈及其子女、相关人士的回忆来看，有关红帮裁缝在19世纪末20世纪初融入辛亥革命、参与试制改进中山装之说是比较可信可靠的。

正如前文所说，宁波服装博物馆的研究人员找到的《民国日报》上有荣昌祥号和王顺泰西装号所登的中山装广告。从两则广告传递的信息来看，孙中山曾在这两家服装店定制过服装，充分给予了"赞许"和"嘉奖"，而且是量身定制，"式样准确"，他们"为提倡服装起见"而"定价低廉"。可以看出，中山装是由在上海发展的红帮裁缝积极推广的。

红帮老人以及后人的口述与上述历史资料相印证。荣昌祥的后人王汝珍听父亲王宏卿讲述，中山装就是由上海红帮名店荣昌祥改进完成的。孙中山曾拿着一件日本士官服来到荣昌祥，要求将这件衣服改成具有中国传统服装特色的款式。后来这件衣服的设计、缝制工作，主要是由老板王才运与业务经理王宏卿参与完成。他们将这件士官服的立领改为翻领，长方形袋盖改为笔架形，并加上四个立体贴袋，袖口扣子由五粒改为三粒。孙中山看到最后的成衣非常满意，给予了充分的肯定和嘉奖。此后，中山装逐渐流行于全国，同时，专门定制中山装的名店也纷纷出现。比如在南京，李顺昌店"经营西服和中山装，尤以中山装颇享商誉"，而且因为蒋介石在该店定制过中山装，该店更加名声显赫，其创始人李来义也是宁波奉化人。

红帮裁缝不但是中山装的定型者和推广者，之后也是制作、发展中山装的主力军。1929年，国民政府将中山装定为礼服。此后，红帮裁缝以中山装为母体设计了学生装、青年装、军服等。国民革命军的军服，乃至后来的新四军、八路军、中国人民解放军的军服，大抵是中山装或是由中山装演变而来的。为此，制作军服在红帮裁缝业内成了一项工种，称大帮裁缝。有些红帮服装厂改为军服厂。《南京市志》介绍，1927年，国民政府建立军用被服厂，抗战期间红帮裁缝王慧英还曾担任新四军被服厂厂长，许多西服店也纷纷改名为"军西服店"，南京红帮裁缝更是积极地投入中山装和军服的生产。

南京庆丰和西服店的创办人史久华，在1895年14岁的时候只身前往上海学做裁缝，3年师满后到南京开办了庆丰和。1912年中华民国临时政府成立，史久华怀着一颗拥护革命的赤诚之心，承接了临时政府的大量制服业务，他也因为按时高质量地完成了大批革命军军服受到孙中山的接见。

上海红帮裁缝名店荣昌祥和培罗蒙的创始人等也为以蒋介石为首的政府要员做过一大批中山服和军服。培罗蒙创始人许达昌的得意门生戴祖贻就经常来往于上海和南京之间，亲自为一些政府要员量身。

中山装用料既可以是高级面料，也可以为一般面料，具有普遍的适用性；加上它既可以为礼服，也可以为常服，具有相当的变通性和灵活性，夏时可以作单衣，也可为春秋衣，冬时还可以作罩衣，四季皆宜，能在外部的变化中保持不变的恒常性，因此很受群众欢迎。中山装得到了空前的普及，在人民大众中流行。

新中国成立后，红帮裁缝又凭着极高的思想觉悟和技艺水平，一次又一次高质量地完成国家的高端定制任务。周恩来总理穿着红帮裁缝精心制作的中山装出现在1954年的日内瓦会议、1955年的万隆会议的会场上，中山装以其独特的中国式制版在当时成了人们的焦点，中山装也成了党和国家领导人参加外事活动的主打服装。当时一大批在上海的红帮裁缝来到首都北京，承担国家交付的制装任务。例如，北京红都服装公司的田阿桐、王庭淼等人给毛泽东主席设计了独具特色的中山装。此款中山装根据毛主席的身材、脸型来设计制作，充分展现了毛主席的伟人气质，毛主席穿着这种创新的中山装出入许多正式场合，引起人们的赞赏。人们将这种改进的中山装叫作“毛式中山装”。

根据大量的考证资料，我们可以看出，以孙中山等革命先行者为首的这一场服饰变革，是革命无畏精神和科学创新精神的完美结合。孙中山的服饰变革观和新服饰的设计，是在长期的革命进程中逐步完善的，博采众长，化洋为中，既以欧美的西服和日本改革后的新服式为参照，又不抛弃中国传统服饰的文化精髓，拿来主义，吸取精华、剔除糟粕。经过长期创新、研制，终于形成一种具有鲜明的中国作风、中国气派、中国风格的服装——中山装。在革命岁月里，中山装产生了强大的生命力，成为我国现代男装中的经典，并曾享有“国服”称号。它在国际服装史上也留下了灿烂的一页，成为“影响世界的十大服装”，西方人在设计男女新款服饰时经常以它为样板。

3. 中西合璧——改良旗袍

旗袍作为袍服的一种，起源于春秋战国时期的深衣。深衣与袍服其实有很大差异，前者上下分裁，后者则上下不分，没有上衣下裳的概念。袍服自汉代被用于朝服，起初多为交领，直裾，衣身宽博，衣长至跗，袖较肥阔，在袖口处收缩变紧，臂肘处形成圆弧状，称为“袂”，古有“张袂成荫”之说。袍服式样历代有变化，汉代深衣制袍，唐代圆领裥袍，明代直身，都是典型的宽身长袍，穿着的多为统治阶层及知识分子，久而久之成为风尚。因而袍服象征着不事生产的上层人士及文化人的清闲生活，宽衣大袍、褒衣博带也逐渐成为中原地区服饰文明的一种象征。流行于少数民族地区的袍服，一般都紧窄合体，多采用左衽、窄袖，袍身比较适体，利于骑射或其他激烈活动。

顺治元年(1644)，清兵入关，清朝确立统治后开始强制实行服制改革，掀起了一场声势浩大的剃发易服浪潮，有“留头不留发，留发不留头”之说。传统的冠戴衣裳几乎全被禁止，上衣下裳的服饰形制只被保留在汉族女子的家居着装中；在庆典场合不分男女都要穿袍，袍服名目繁多，有龙袍、朝袍、蟒袍及常服袍等之分。

从字义解，旗袍泛指旗人(无论男女)所穿的长袍，但只有八旗女子日常所穿的长袍才和后世所说的旗袍有关。清朝统治者力图保持其固有的穿着方式，一方面用满族的服饰来同化汉人，另一方面又严禁满族及蒙古族女子仿效汉族装束，从清朝屡次颁布的禁令中可以看出满族女子违禁仿效汉族女子装束的风气之盛。到了清朝后期，也有汉族女子效仿满族装束的。满汉女子服饰风格的互相融合，使双方服饰的差别日益减小，这是旗袍流行全国的前奏。

清朝后期，旗女所穿的长袍，衣身宽博，造型线条平直硬朗，衣长至脚踝，多用“元宝领”，领高盖住腮碰到耳，袍身上极尽雕琢，多绣以各色花纹，领、袖、襟、裾都有多重宽阔的绲边。到咸丰、同治年间，镶绲达到顶峰时期，有的甚至整件衣服全用花边镶绲，几乎难以辨识本来的衣料。旗女袍服的装饰之烦琐，几至登峰造极的境地。而此时的清王朝正内外交困，日薄西山。帝国主义的坚船利炮打开了清朝封闭的大门。为挽救危亡，清廷洋务派提出“中学为体，西学为用”的救国方略，派遣大批留学生到国外学习。在中国学生和军人中最先出现了西式学生装、西式军装。洋装的引入直接影响了社会服饰观念的改变，此后旗袍的演化也是受西方的影响而发端的。

辛亥革命推翻了中国历史上最后一个封建王朝，解除了服制上等级森严的种种桎梏，抛弃了传统苛刻的礼教与风化观念，男人们不再留恋象征士大夫阶层的长装，女人们也从一层层衣衫重压下解放出来。服装走向平民化、国际化的变革水到渠成，旗袍由此卸去了传统沉重的负担。旧式的旗女长袍既被摒弃，新式旗袍则在乱世中闪亮登场。

此时，商埠开放的上海成为十里洋场繁华之地，同时又是女性追求解放、开化的重镇。当时的传教士、革命党人等竞相创办女学，女权运动风生水起。寻求解放的思想在服饰上得以呈现，女性希望穿着体现其自然之美的服饰，海派旗袍应运而生。

旗袍的改良是一个持续的过程。在这个过程中，具有先进服饰理念和精湛技艺的红帮裁缝，特别是专门从事女士西服制作的红帮裁缝，带领许多有志于改良旗袍的有现代意识的裁缝在上海，乃至在大连、哈尔滨、青岛、天津、汉口、厦门、香港等地刮起一场轰轰烈烈的旗袍流行风。

于1917年创办的红帮名店——鸿翔时装公司在这场服饰改革的浪潮中开始了“中衣西化”的改革。鸿翔的创始人金鸿翔把改良旗袍的要旨总结为西式裁剪、中装式样，“借鉴西服工艺改革中国旗袍”。据鸿翔的后人介绍，鸿翔对旗袍的改良分三个阶段：20世纪20年代初，主要在旗袍轮廓上改进，腰身外形轮廓内收，袖口缩小，尽显女性的身材；1925年左右，在立体结构上改进，在腋下加胸省，尽显女性的体态；到了20世纪三四十年代，加了腰省，同时改进袖子的结构，由中式连袖改为西式装袖，旗袍变为三维合身的服装。领子也是旗袍改良过程中的重要环节，由卡住整个颈项的元宝领、直领逐步改变，直到取消领子，又把领子开低，使得女性似蝤蛴般的颈项完全显露。

旗袍实乃中西合璧的产物。如果说中山装是“西服东渐”的结晶，那么旗袍则是“东服西渐”的代表作。它既继承了传统的深衣、唐代的水田衣以及蒙古女子的长袍等民族服装的特色，推陈出新，古为今用，又大胆吸取西方女装先进的理念和人文精神，用西方的设计艺术、裁剪方法不断改进旗袍的款式、造型。这是中西文化双向交流、互相融合的经典之作。

上海女学生开旗袍流行的风气之先。当时的女学生作为知识女性的代表，是文明的象征、时尚的先导，成为社会的理想形象，以至社会名流、青楼女子等时髦人物都纷纷作女学生装扮。20世纪三四十年代是旗袍的全盛期，其基本形制已臻于成熟。孙中山夫人宋庆龄非常喜欢旗袍，她尤其喜欢鸿翔做的旗袍。1932年3月8日，宋庆龄在庆祝三八妇女节的活动中发表演讲，称赞金鸿翔是“开革新之先河，符合妇女要求解放之新潮流”。1935年，宋庆龄亲笔为鸿翔题写匾额：“推陈出新，妙手天成。国货精华，经济干成。”宋庆龄亲切勉励鸿翔开创中国女装，金鸿翔与她保持了40多年的友谊，改良的旗袍也成了引领中国服装的新潮流。新中国成立后，刘少奇夫人王光美、陈毅夫人张茜等也曾在上海朋街服饰公司定制旗袍，作为出国礼服。

红帮裁缝引领、参与的旗袍改良运动推动了中国女性服饰文化的发展，推动中国近代服制变革向纵深发展。

视频：百年华装旗袍展

综上，红帮裁缝参与了由孙中山等民主革命先行者倡导的这场近代服制改革，他们是潮流的先锋，融合中西文化，改制西服、创制中山装、改良旗袍。这是一次颠覆性的服制革命，它标志着历经几千年的服饰等级制度在中国彻底消亡,是中国服装史上划时代的变革。它是对保守封闭的中国传统思想的一次革命,标志着“夷夏之防”彻底消除,西方服饰文化在中国的制度上确立了其地位,“西服东渐”之势进一步得以发展。它是对中国传统审美观念的一次革命,标志着中国服饰审美文化进入了一个新的阶段,中国服饰审美文化与世界服饰审美文化接上了轨道,实现了由古代向近代、现代的转变。这又是一场服装技术的革命,红帮裁缝用自己精湛的专业技术在中国服饰变革史上写下了辉煌的一页,中国服饰史上第一个制作服装的流派也茁壮成长了,这就是——红帮!

二　助推宁波服装业腾飞

1978年党的十一届三中全会后,中华大地掀起了改革开放的春潮,中国进入了崭新的历史时期,中国服装业也在又一次“西风东渐”的国际时尚潮流中迎来了新时代的春天。红帮人响应新时代的召唤,适时改变思想观念和行业行为模式,在新的历史时期开始腾飞,而宁波——红帮人的故乡,也成了红帮人和他们的传人创业成就的一个典范。红帮人抓住历史机遇,创造了宁波服装业的新辉煌。

在改革开放的历史潮流中,宁波服装企业迅速崛起,结下了累累硕果,而这些企业的成功离不开红帮人在精神、物质、技艺上的扶持。可以说,没有红帮精神的哺育,就没有这些知名企业辉煌卓著的今天。那些曾走红上海滩的名店如培罗蒙、王荣泰、荣昌祥、裕昌祥、汇利、春秋、人立、鸿翔、造寸、美云、古今等,虽然其中一些红帮名店的老板已移师海外,但他们所创下的品牌影响力仍在新的时期发挥作用,这些红帮传人、红帮名店在新时期催化着宁波服装业迅速崛起。

(一)雅戈尔

雅戈尔集团股份有限公司原是宁波鄞县石碶镇(今海曙区石碶街道)的一家镇办企业——青春服装厂。这家服装厂的雏形只是1979年知识青年用安置费起家的一个小作坊,职工自带工具来作坊做工,主要为一些大厂家加工背心、短裤等简单服装。后来,知识青年李如成担任了服装厂厂长。在当时,横向联营是乡镇企业生存和发展的一条有效途径。李如成上任不久,捕捉到了一条信息:上海百年老厂开开衬衫厂正在寻找联营加工点。李如成立马赶赴上海,他的真诚、执着打动了开开的决策层,双方一拍即合,达成联营。李如成将上海来的师傅奉为上宾,虚心求艺,兢兢业业。天道酬勤,短短几年,企业有了第一笔原始积累。1983年,服装厂正式改名为宁波青春服装厂,1986年,开始推出自己的品牌——北仑港牌衬衫,1991年,又更名为宁波长江制衣厂,后与澳门的南光公司合作,组建合资雅戈尔制衣公司,“雅戈尔”注册商标就此问世。公司本想取名“Younger”,是“青春”的意思,但是当时已经被注册了,所以换了一个字母,注册了“Youngor”(雅戈尔)。李如成认为,“雅戈尔”既代表青春厂的历史延续,又寄托着对未来的期望。

1992年,雅戈尔公司与上海红帮名店人立服装店开展合作,聘请红帮老师傅、人立服装店的副经理王良然等两位师傅为技术顾问。通过这种合作,雅戈尔有了来自上海人立的强大技术支撑，人立帮助雅戈尔安装了生产流水线，还经常派技术人员来公司指导。之后雅戈尔能够成功转型生产西服，与红帮师傅王良然等人的大力支持是分不开的。1994年1月，雅戈尔西服投产，并成为企业主导产品。2001年，总投资1亿美元、占地近500亩的雅戈尔国际服装城竣工，形成了年产衬衫1000万件，西服200万套，休闲服、西裤等其他服饰共3000万件的生产能力，成为当时世界上规模最大、设备最优、功能最齐全的综合性服装生产基地。世界服装大师皮尔·卡丹在参观雅戈尔之后连声赞叹："我走遍了各大知名服装企业，你们的规模在世界上绝无仅有。"在别的企业费尽心思走出去招商引资的时候，外国企业纷纷找上门来要与雅戈尔合作。

雅戈尔集团已是全国纺织服装行业的龙头企业，2018年度实现销售收入879亿元，利润总额54亿元，实缴税收23亿元，位居中国民营企业500强第66位。经过40多年的发展，雅戈尔已形成以品牌发展为核心，拥有品牌服装、地产开发、金融投资三大主体产业，多元并进、专业化发展的综合性国际化企业集团，旗下雅戈尔集团股份有限公司为上市公司。雅戈尔与五大国际面料商建立了战略合作联盟，共同发布建设全球时尚生态圈倡议，以"全球面料、红帮工艺、高性价比"打造中国自主高端男装品牌"MAYOR"。雅戈尔如今取得的辉煌成绩，离不开红帮做出的贡献。

（二）罗蒙

奉化江上游剡江沿岸的江口镇是红帮裁缝的发祥地，19世纪末至20世纪30年代，这里走出了许多服装名师：创办中国最早的西服店之一的江良通，为资产阶级革命家徐锡麟制作中国第一套西服的王睿谟，为孙中山制作第一套中山装的王才运，创办华商被服厂生产军服支援抗战的王宏卿，等等。

就在这片孕育红帮裁缝的沃土上，随着改革的春风，罗蒙应运而生。改革开放后，江口镇政府决定发扬江口红帮裁缝故里、服装之乡的传统，借助从上海回归故里的红帮师傅的手艺和他们在外地的关系，创办一家服装厂。这一重任就落在了盛家村勤劳俭朴的农民盛军海的肩上。服装厂建立后的第一件大事就是聘请红帮师傅陆成法、余元芳、董龙清来厂里做高级技术顾问，在技术上请红帮师傅传、帮、带，在业务上利用红帮师傅的人脉关系到上海找门路。建厂之初困难重重，厂房是一间闲置的公社食堂，资金向职工、亲戚朋友筹借、贷款，缝纫机、电熨斗职工自带，没汽车只能用拖拉机接送红帮师傅。正是这样的困难造就了盛军海，他一起步就确立了把产品质量与企业的生命连在一起的思想，为了产品质量，自己日日夜夜泡在厂里，十天半月不回家。在当时，作为一厂之长的盛军海只拿20元的月工资，而把关师傅的月薪却是1000元。这种艰苦创业的精神深深打动了同样是勤俭创业出身的红帮前辈，他们全力以赴扶持罗蒙，罗蒙的先行者们也全心全意学习红帮精神、红帮技艺。

通过红帮师傅的帮助，服装厂得到了为上海著名服装公司培罗蒙加工服装的机会，企业名称也由此取了培罗蒙的后两字"罗蒙"。上海培罗蒙是当时全国西服业的冠军，为培罗蒙加工不是件容易的事。在红帮师傅的帮助下，全体罗蒙人的努力终于有了回报，罗蒙加工的服装做工精细、衬头挺括、熨工到家、款式新颖、面料讲究，赢得了消费者的青睐，一炮打响，1985年、1986年连续两年在上海市服装质量评选中获得"优质产品"称号。

也是在1985年,罗蒙有了自己的主导产品,同时又请了上海由红帮老牌名店发展而来的春秋服装公司的经理孙富昌当顾问。1943年孙富昌就到上海学做裁缝,1981年开始任春秋服装公司经理。他非常关心家乡服装企业的发展,曾多次组织多名退休老师傅到宁波多家服装厂做技术指导,并通过联营、代销等方式扶持乡镇服装企业。罗蒙热忱地邀请他做顾问,他亦竭诚帮助罗蒙。他为罗蒙经销产品,还把罗蒙产品介绍给另外几家服装商店。

打入上海市场后,罗蒙发展很快,并努力打造自己的牌子,盛军海向全体员工发出创牌宣言:立足红帮优势,借助国外先进技术,创"超一流"的品牌。1998年罗蒙又乘势而上,把提升企业档次、争创驰名商标作为新战略。在红帮师傅的鼎力扶持下,红帮传人与来自日本、意大利、韩国的服装设计师在罗蒙共处一室,各运匠心,各展所长,开创了罗蒙西服设计与制作的新天地,实现了罗蒙一个又一个的战略目标。

罗蒙的发展离不开红帮前辈的帮助,盛军海恳切地说:"我们罗蒙过去靠孙经理建厂,现在靠孙经理发展,没有孙经理就没有罗蒙的今天。"罗蒙第二代企业家盛静生也一直以红帮传人的身份自律、自勉,他真诚地说:"我以身为红帮传人而自豪,要责无旁贷地把祖宗传下来的裁缝这个老行当做好。"

通过多年发展,罗蒙累计创造了中国服装界的十五项第一。集团连年跻身全国销量、利税双百强服装企业行列,先后被评选为国家级守合同重信用企业、中国民营企业500强、中国制造企业500强,罗蒙品牌获得"中国驰名商标""中国名牌产品"及"国家质量免检产品"等荣誉称号,罗蒙西服连续被评为中国西服行业标志性品牌。2018年12月,罗蒙被国家工业和信息化部、中国纺织工业联合会共同认定为重点跟踪培育品牌。罗蒙的经历证明艰苦创业、勇于拼搏、追求一流、永不停步的红帮精神后继有人。

(三)培罗成

培罗成也是红帮裁缝精心培育的成果。

培罗成原本只是宁波鄞县下应镇江陆村(今鄞州区下应街道江陆村)的一个小作坊,创始人史利英觉得一定要有自己的品牌,以在竞争激烈的市场上生存。幸运的是,被人称作"裁缝状元"的红帮代表人物陆成法是江陆村人,史利英从报纸上得知这个消息时喜出望外,并且大胆设想聘请陆成法指导生产。史利英三次跑到上海陆成法的家里,说自己是江陆村的媳妇,带着村里的妇女办西服厂,想请大师给予技术上的帮助,并承诺甘愿做陆家的保姆。陆法成被这位积极务实、意志坚定的农家媳妇感动了,答应了史利英的请求。

在大师的指导牵线下,一个小小的作坊迅速成长为有一定规模、规范的西服生产企业,红帮技艺也在史利英她们中间得到传承。史利英用江陆村媳妇的坚韧打造出了一个品牌,她也知恩图报,给企业命名时坚持采用"培罗成",加入陆成法名字中的"成"字,而"培罗"则宣示企业出身于"培罗蒙"。

经过30多年的耕耘,培罗成集团以"培罗成"品牌服装原创产业为主导,印刷、投资等多元化产业并举,是全国双百强服装企业、全国十佳诚信企业,企业资信等级持续多年荣获AAA级。培罗成相继建设了宁波、九江两大产业园区,业已成为中国名牌、中华十大职业装著名品牌、中国职业装领军企业、《职业服装装检验规则》行业标准的起草单位之一。

培罗成的成长同样离不开红帮技艺、精神的传承。培罗成第二代掌门人、总经理陆信国的做人做事理念是"襟怀坦白,一诺千金",这既是培罗成人做人的标杆,也是对红帮精神的发扬传承。

(四)杉杉

杉杉始创于1980年,前身为宁波甬港服装厂。杉杉的成长发展同样得到了红帮前辈各种形式的扶持、帮助。当年建厂的方案中就明确指出,"鄞县素称红帮裁缝之乡……历史悠久,技术力量较有基础""县内现有红帮裁缝退休老师傅50人左右,新厂一建立,即可聘为技术辅导人员"。为此,服装厂刚一建厂就聘请了红帮师傅,如聘请退休的红帮师傅陈菊堂把关质量,聘请红帮技师李峰为技术科长;之后,又得到了多位红帮前辈的鼎力相助。如同样帮助过罗蒙的前辈孙富昌也给予甬港服装厂很大的支持,当时他所在的春秋服装公司向甬港订购了几千件中山装,同时他又邀请上海南京路上的红帮名店裕昌祥、鸿翔、王兴昌等21家服装店到宁波参加订货会。

就这样,在红帮前辈的帮助下,甬港打入了上海市场,不久,"杉杉"成为注册商标。1991年,为保证名牌战略顺利实施,杉杉在中国服装界率先对企业进行规范化的股份制改革,拥有自主经营权的杉杉企业在市场经济的大潮中如沐春风:1992年,构建起当时全国最庞大最完整的市场销售体系;1994年,斥巨资全面导入企业形象识别系统(CIS);1996年,杉杉股份成为中国服装业第一家上市公司。

在发展前进的道路上,杉杉一如既往地"抢夺"人才,如将西装元老、红帮第六代传人张乔梁"抢"了过来,委以总工艺师的重任,并提升了他的工资,请他设计出最好的西装。这位设计高手见杉杉如此诚心重用他,也使出了浑身解数,精心设计了一款又一款新颖的西装式样,其中有一款式样还获得了全国西装设计一等奖。还有红帮的服装科技功臣陈康标,他是奉化人,从事服装行业几十年,被誉为"百名业内风云人物"。退休之后,他心系故乡服装业的发展,经常到杉杉、雅戈尔、罗蒙等宁波知名服装企业走走看看,提供技术指导,为企业新产品的研发、产品质量的提高做出了很大贡献。正是在他的帮助下,杉杉首先在全国通过ISO9001质量体系论证,领到了"国际通行证"。

1998年,杉杉总部移师上海浦东,开创了外地民营企业成建制入驻上海的先河,也在红帮的大本营展开了崭新的一页。经过多年的发展,杉杉已经成为一个以资本为纽带的大型企业集群,自2002年起连年位列中国企业500强。作为中国服装的龙头企业,近年来,杉杉服装在品牌、产品、渠道等方面进行了一系列变革创新,引领着中国服装业的发展方向。

(五)太平鸟

太平鸟时尚服饰股份有限公司是一家以零售为导向的多品牌时尚服饰公司,以"让每个人尽享时尚的乐趣"为使命,秉持"活出我的闪耀"的品牌主张,致力于为消费者提供中等价位的优质时尚服饰。作为最有"红帮"基因的企业家之一,张江平从小制衣作坊起家,秉持红帮精神,凭着对服装的悟性和对市场的敏感,将企业越做越大,几经更名,在1995年以象征自由、快乐和美丽的和平鸽为原型创建了太平鸟品牌。

从1996年至今,太平鸟一直位列全国服装行业销售收入和利润双百强单位,2000年起荣登宁波市百强企业、浙江省百强私营企业、全国民营企业500强之列，“太平鸟品牌”也先后被授予“中国名牌”“中国驰名商标”等荣誉称号。

迈入新的发展阶段，太平鸟公司继续秉承“倡导时尚理念、引领时尚生活”的企业使命，紧紧把握时尚潮流发展主线，立志将“太平鸟”打造成为“中国第一时尚品牌”，并以国际知名的大型时尚产业集团和中国的世界品牌企业为远期发展愿景，成为中国大众时尚界的一面旗帜。

公司实施梯度品牌发展战略，拥有PEACEBIRD太平鸟女装、PEACEBIRD太平鸟男装、LEDIN女装、MATERIAL GIRL女装、MINI PEACE童装、PEACEBIRD LIVIN'太平鸟·巢等多个品牌。各品牌针对差异化的细分市场，在目标消费群、品牌定位及产品设计等方面相互补充，满足日益细分的消费群体的多元需求。

公司实施时尚化战略，高度注重产品研发设计，将当下最流行的时尚元素和品牌风格融合于产品设计，造就强大的产品竞争力。自品牌创立以来，公司始终致力于自主品牌的研发设计，目前已拥有一支具有国际视野的高素质研发设计团队。公司每年向市场推出高达9000多款色的新品，推行高频率商品上市节奏。

公司采取直营与加盟为主、代理为辅的销售模式，拥有遍布全国31个省、自治区、直辖市的4000余家线下门店；同时积极发展电商业务，将线上和线下销售有机结合，实现了电商与线下销售的同步快速发展。

为不断提高产品质量，公司斥巨资引进了各类先进的电脑缝制设备及特种设备和管理软件，并建立了完善的质量保证体系，采用高于国家和服装行业标准的企业内控标准，通过了ISO9002、ISO14000、OHSAS18001等认证。近年来，公司已先后通过H&M、C&A、ONLY、耐克、梦特娇、沃尔玛等国际知名公司的技术与管理标准认证、质量体系认证和反恐安全认证及相关验厂条款，与多家国际知名服饰品牌建立了稳定的合作关系，产品远销欧美、日本、澳大利亚及东南亚等20多个国家和地区。

展望未来，太平鸟坚持做大、做强品牌服装主业，创“中国第一时尚品牌”的发展目标不动摇，继续围绕品牌服装、工业贸易和商业投资三个领域进行持续发展，并通过产业合理规划、体制创新、专业运作与监管，使公司业务形成一个主业核心、两翼齐飞共同发展的态势，使公司各产业在各自领域形成较强的竞争优势。

如上所述，宁波许多大型的服装企业都是由乡镇民营企业发展而来的，它们的成长大都与红帮有着最直接、最密切的关系。尤其在起步阶段，它们依靠为红帮名店加工产品维系生存、发展，在与红帮名店的合作过程中积累了原始的技术资本和资金准备，为日后创立自己的品牌做好了铺垫。

宁波地区的民营服装企业因为有改革开放的“天时”，有红帮发源地宁波与发迹地上海的“地利”，还有与红帮前辈同乡关系的“人和”，所以崛起速度遥遥领先于其他城市企业。20世纪90年代中期，宁波西服企业首先打出“打品牌，创名牌”的旗号，同时带动了东南沿海地区服装业纷纷走上品牌发展的道路。服装界的资深人士评价说：“中国20世纪八九十年代服装业的腾飞，是以宁波服装业特别是西服业的腾飞为坐标的。”从20世纪90年代中后期到21世纪初，宁波地区的服装业以迅猛态势发展。从1996年到2001年，宁波服装企业由1023家增至1768家，以平均每年新增149家的速度增长，从业人数由91941人增至170025人，增长84.9%，占工业全部从业人数的比重也由8.7%上升到13.6%，营业收入平均每年保持16.7%的高速增长，2001年达到189.7亿元，占全省同行业营业收入的29%，位居全省第一。2001年宁波服装企业数量占全国服装工业企业总数的4.13%，年服装生产能力占全国服装总量的12%。这一系列的数据有力证明了宁波服装企业的欣欣向荣。

当然，这些数据也彰显了红帮裁缝以及他们所创的红帮名店对这些企业的强有力的催化作用。在改革开放的风口浪尖，红帮裁缝凭借精明的头脑、敢为人先的精神和传统家族同乡关系的相互提携，纷纷从国有企业来到大大小小的民营企业。他们被高薪聘用，担任顾问或高级技师，通过精心指导实现了这些民营企业的稳步发展，使其以惊人的速度占领中国市场。虽然当年的那些小型乡镇企业早已脱胎换骨，当年的几架缝纫机已经被各种国际一流的设备代替，当年红帮老字号的影响力被写进了历史，但是老红帮的技艺和精神依然会在那些高科技、现代化的红帮服装企业中延伸、传承，这是无价的资产、无形的力量。

视频：第十届宁波国际服装节“融合——2006中意原创服装设计作品发布会”

三 奠定服装职业教育基础

（一）以师徒传承关系为基础的红帮学徒制职业教育

学徒制职业教育是红帮裁缝最主要的职业教育形态，它为近代服装产业培养了大量的技术、技能人才，满足了行业和社会的需求。红帮裁缝的学徒制育人在红帮技艺的世代传承中起到了不可替代的作用。

1. 红帮学徒制教育的相关规定

学徒制育人的主体是学徒。学徒培训，需要相应的规范和制度加以约束、保障，确立学徒的主体地位，并且规定培训的开展条件、开展方式、保障措施等内容，使学徒教育的目的更为明确和有针对性。红帮学徒制教育的相关规定可分为政府和行业工会两个层面，政府又可分为国家政府和地方政府。

（1）政府关于学徒制的规定

中华民国国民政府曾就学徒制出台过一系列的法律法规，如1929年12月国民政府颁布的《工厂法》就是其中一个。《工厂法》第十一章涉及学徒制度的立法条文共有12条之多，对学徒的招生年龄、人数、学习内容、师徒间的权责、学徒与工厂的权责等都做了明确的规定。之后，国民政府又于1930年和1932年分别颁布了《工厂法实施条例》和《修正工厂法》。《修正工厂法》对《工厂法》中第二章和第十一章有关“学徒制”的部分做了更为详细的规定，除重申学徒应享受的权利和义务外，还特别增补职业教育为学徒的福利。该法规定，“工厂对于童工及学徒，应使受补习教育，并负担其费用之全部，其补习教育之时间，每星期至少须有十小时”“工厂对于学徒在其学习期内，须使职业传授人尽力传授学徒契约所定职业上之技术”。继国民政府颁布《工厂法》等法律法规后，一些地方政府也出台了相应的法规。如上海市政府就出台了《上海市商业店员待遇通则》,其中对学徒制教育做出的规定是:"雇主对于幼年店员或学徒,每日应于工作时间之外酌予教育之机会。"

(2)同业公会关于学徒制的规定

上海市的西服行业同业公会也曾就学徒制做过一些行业规定。如《上海市西服商业同业公会业规》第一章总则的第八条规定:"凡同业招收练习生或学徒者,须教以商业常识及本业技术,以提高本业之水准。"《上海市西服业工友规则》规定:"工友对练习生应善意教导,不得动武凶殴,如练习生顽抗无理,应报告主管人训责之。"《上海市西服商业同业公会工场管理规则》第十六条规定,"各店雇佣学徒,应受相当之限制,规定以每工场雇学徒一名为原则,如该工场雇佣职工超过五人,得添学徒一名";第十七条规定,"学徒习艺期为三年";第十八条规定,"学徒在习艺期内,不得供私人之差遣,必须每日至少予以二小时之教育,二小时之习艺训练";第十九条规定,"学徒在习艺期内,由资方供给膳宿及月规,如有疾病须负担医药经费,如遇事先重症或慢性及修养病,应予返回自理之,在满师时,休息日其得补足之";第二十条规定,"学徒不得中途辍学,尚未届满而辍学时,其本人及其家长或监护人须负连带赔偿因此所受之损失及偿还膳宿等费";第三十一条规定,"职工与学徒无论有无工作,非经告假许可,不得离开工场"。以上条款规定了学徒名额、学徒期限、学徒应享有之权利和应尽之义务,从法律上保障了行业内学徒制教育的正常运行。

2. 红帮学徒制教育的类型

红帮店堂的布局不同于传统的苏广成衣铺格局,大多具有"前店后场,前商后工,亦工亦商,产销一体"的特点。红帮学徒制教育的培养目标,是使学徒在满师之后能做制作西服的技师或西服商业的经营管理人员。根据红帮店堂的布局特点和未来职业的需要,红帮对学徒的培训通常分为两类:一类是"前店"培训,负责培养店堂学徒;另一类是"后场"培训,负责培养工场学徒。

(1)店堂学徒培训

店堂学徒培训本质上是一种商业教育,它对红帮培养经营管理人才发挥了重要作用。通过以下几方面的介绍,人们可以了解一些相关的情况。

第一,录取条件。

录收的条件比较严格:年龄在15岁至17岁之间,品貌端正,身材高大,具有小学左右的文化程度。这是因为店堂学徒今后需要在门市接客,只有年龄大些、品貌端正些,做事才能老练;而量尺寸,开订货单,学习业务管理方面的知识如司账等,都需要有一定的文化基础。此外,录取店堂学徒除了需要有可靠的介绍人外,还需要有可靠的担保。因为店堂学徒的责任重大,所以在决定是否录取时,要将介绍人和担保的可靠性列为参考条件。店堂学徒以境况较好人家的子弟居多,这与工场学徒的出身要求截然不同。穷苦人家出身的工场学徒,一般一开始就做手工活,走的是技术路线;而境况较好人家出身的店堂学徒,经培训后,一般从事销售工作,将来可能走的是管理路线。

第二,录取程序。

店堂学徒的录取程序大致可分为间接考察、面试、行拜师礼三个步骤。首先向介绍人了解录取对象的自身条件及其家庭情况,其次让录取对象亲自写一封信件以衡量其文化水平,同时还要观察录取对象的品貌、口才等条件。经过以上步骤后,如对录取对象满意,便通知其择日进店行最后的拜师礼(大都拜店主为师)。店堂学徒行拜师礼的过程,近似于旧社会某个帮会的性质,具有中国传统特色。

第三,教学内容和方法。

第一阶段:在早上和晚间教授与业务相关的文化知识,如写大小写数字、打珠算、修尺牍等。有些大店铺还教授外国语,因为西服业的客户有一部分是外国侨民,与他们做生意必须懂外语。第一阶段一般持续一年,至后续学徒进店为止(一般师傅在一年内总要招收一次学徒,所以第一阶段的时间一般不会超过一年)。第二阶段:着重教授西服面辅料和结构方面的知识,如呢绒品名、质地,量尺寸,填写尺寸单,试单,等等。等到学徒熟悉了这些知识之后,再进一步教授采购和接客方面的知识。师傅往往会在顾客离店后指点一些方法要领,使学徒取得一些实际经验,为下一步独立工作打下基础。第二阶段一般持续一年,学徒通过这个阶段的学习基本掌握顾客心理及经营业务方面的一些诀窍。第三阶段:师傅带领学徒实习,以培养其单独经营业务的本领。在学徒接待顾客时,师傅及营业员们就在一旁注意学徒的言语和动作是否沉稳和老练,能否随机应变以迎合顾客的心理,并与顾客达成交易;在顾客离店后,再给学徒提一些意见,指出其不当之处。如学徒在接待顾客时遭遇尴尬,为了促成业务、保住客户,有经验的师傅或营业员会上前帮助解决问题。其他如量尺寸、试样等,亦都采用这种方法使学徒渐渐得到锻炼和提高,直到其具有单独营业的能力。在第三阶段,平日比较勤奋的学徒还能学会计账、核账、发工资、上工账、记零用日记等,熟悉简单的会计工作,掌握做整套账目的全部流程。一般三年后满师,学徒就可以成为一个能写会算又善于经营业务的优秀营业员了。

第四,师徒关系。

以契约形式为基础的师徒关系一旦建立,师傅就对徒弟负有业务技术和品德方面的全面教育责任。师傅一般都能将学徒视若己出,并将业务知识和技术经验不厌其烦地通过各种具体方式循循善诱地教给学徒。除教学外,师傅对于学徒的管教是十分严格的,除了得到师傅的许可上夜校可以外出之外,一般学徒都不得私出店门,即使在上海本地的也不能无故返家。这些严格的管教,主要是为了保证学徒顺利完成学业。学徒一般也都能视师傅如父母,唯命是从,其食宿、医药费等都由店中供给(如数额较大则由学徒自理)。此外,平时同事们的亲切照料,过年过节时店里准备的丰盛酒席或果品,也往往能使学徒的思家恋亲情绪减轻不少。所以,红帮的师徒关系一般是亲密和坚固的。

(2)工场学徒培训

工场学徒培训本质上是一种技术教育,它对红帮的技术传承发挥了重要作用。通过以下几方面的介绍,人们可以了解一些相关的情况。

第一,录取条件。

红帮工场学徒的录取年龄一般在13岁至15岁之间,要求体格健全,能吃苦耐劳,对于相貌和文化程度的要求往往不高。这是因为学徒年龄幼小则手指柔软灵活,容易学好针法;对体格和性格有要求是为了学徒能够适应西服工场内高强度的工作;对相貌和文化程度要求低,则是因为学徒将来从事的工作是裁剪和缝纫之类的技术活,仪表和文化程度对于做好技术活来说不是决定性因素。此外,录取的对象绝大多数为宁波的农家子弟,一般需要通过与店主有亲友关系或业务关系的人介绍。

第二,录取程序。

对被介绍来学艺的录取对象,店主要在其进店之前了解清楚其自身条件和家庭情况等。在了解清楚录取对象各方面的情况后,如对其有意向,就让介绍人陪同其来店面试。面试合格后,即行拜师礼。经过这一系列约定俗成的程序后,被介绍来的录取对象方成为正式学徒。在早期,还要由学徒家长立一份关书给师傅,后来随着时代的进步,关书渐渐地改革为保证书,但两者在本质上都是双方之间订立的契约。根据契约规定,学徒家长应保证录取对象不中途退学,否则偿还学艺期间伙食等全部费用。

第三,教学内容。

工场学徒的教学内容通常按三个阶段来安排。第一阶段:着重教授基本针线手法。红帮西服业有个习惯,学徒进店的第一天,师傅要授其缝针、红布,并传授执针和缝布的手法以示隆重。在教授基本手法时,首先让学徒练习空针缝布,直到手法熟练、手心不出汗时才视情况教授简单的缝纫技术。第一阶段通常持续半年到一年时间,至后续学徒进店为止。第二阶段:着重教授简单的缝纫技术及修补技术。如绕边缝、千鸟缝、绕上装领侧面、绕裤腰布、扎大小裤底、缝裤带襻、缝裤子后袋盖、缝裤子门襟等。这些都是西服上装或西裤简单部件的做法,技术含量不是很高。对于第一阶段已熟悉针法且初步接触过简单缝纫技术的学徒来说,很快能够适应并上手。第三阶段:着重教授缝制整套西服。这个阶段的教学分三个步骤,第一步教授裤子的做法,第二步教授背心的做法,第三步教授上装的做法。第三阶段通常持续一年左右的时间。以上三个阶段结束后,学徒师满。一般满师后学徒只会缝制裤子和背心,能够缝制整套西服的学徒很少。满师后学徒掌握技术的高低跟其努力的程度、天赋及师傅的教学方式都有关系。

第四,教学方式。

在教学方面,师傅教、技工们指点、师兄们帮助三者结合,边教、边学、边做,教、学、做三位一体。具体地说,是教的人一边做一边教,学徒看了几遍后,就拿实际工作学着做;做的同时,教的人在一旁指点;做好后,教的人再向学徒指出缺点并教授改进方法。不过,大小店铺的教学方法并不一样。小店铺的店主希望学徒能尽快学好技术,帮助生产,增加收益,所以技艺精湛的店主通常会亲自教导学徒。而在大店铺中,主要靠技工们指点和师兄们帮助,师傅不太会亲自教导。另外还有一种培训学徒的方法,是店主请理论和技术兼优的技师以上课的方式教导学徒。采用这种教学方式,可在短期内教会学徒各种基本的缝纫技术。如吴兴昌、和昌、中一等西服店曾用这种方法在五个月内教会学徒缝制呢料裤子的技术,一年内教会学徒缝制呢料制服及普通上装的技术。这些学徒虽工作经验不多,但缝制的几种普通产品尚能合格。采用这种方法培养学徒的西服店,一般都是规模较大的做团体服装或大批现成服装的西服店铺,且吸收学徒也是成批的,经过短期培训使学成的学徒代替工人进行生产是很合算的。学徒数量少的小西服店铺一般不怎么采用这种方法。

第五,满师。

上面两种培训学徒的方法,不论哪一种,满师年限都是三年。但有的西服店在学徒三年满师后还要求他补工六个月,以弥补三年中所请病假、事假,到三年半才算正式满师。学徒满师后即升为正式的技工,不过今后还要在工作中继续提高。

3. 红帮学徒制教育的特征

(1)教学进度上循序渐进

红帮学徒的学习进步快、成绩好,满师后一般都能为西服业的发展和壮大做出不同程度的贡献。究其原因,除教育要求严格外,还在于教学进度安排合理。如对工场学徒,一开始教授基本针线手法,待其掌握后再教简单的缝纫和修补技术,最后才教整套西服的裁剪、缝制技术,而最后阶段又分三个步骤,从教授裤子的做法,到教授背心的做法,再到教授上装的做法。这样由易到难、由浅入深、循序渐进,符合学徒认识和掌握知识、技能的规律,能使学徒更好地熟悉和掌握生产的各个环节和完整过程,因此教学效率、教学质量都较高。

(2)教学内容上有的放矢

根据未来职业发展的需要,将学徒分别安排在店堂和工场进行培训,具有很强的针对性。具体体现在:店堂和工场两类学徒能在不同的环境下接受培训,同一类型的学徒能在教学的各个阶段习得不同的知识和技能,单个学徒可以针对其薄弱环节因材施教,能根据本店需要培养适合不同工作岗位的学徒。

(3)师徒传承上讲究地域

红帮师徒大多是宁波籍,这限制了人才培养规模和影响的进一步扩大,也很容易使知识、技艺得不到很好的交流与改良,不利于培训质量的进一步提高。

(4)管理方法上封建专制

红帮的学徒制职业教育在管理学徒方面带有比较浓厚的封建专制色彩,如师傅对学徒说一不二的管教方式,师傅对学徒人身自由的极大限制,师傅对有过失学徒实施的体罚,学徒在学习期间必须为师父做额外的家庭杂务,等等。

总体来看,在近代中国开展学校职业教育之前,红帮的学徒制职业教育对红帮技艺的传承起到了积极的作用,同时也为红帮日后开展学校职业教育奠定了一定的基础。

(二)以班级授课制为基础的红帮学校职业教育

1. 红帮发迹地上海的早期学校职业教育背景

上海是一个较早接受和引进西方新鲜事物的地方,早在19世纪60年代,上海江南制造局就举办过类似于职业学校的机器学堂。民国时期,上海除开办有中华职业教育社等一些著名的职业学校外,还推行职业补习教育。1930年2月,上海市教育局决定创办职业补习学校,拟先举办三种:“第一,工人补习学校,由该局订定设施办法,就本市职工30人以上之工厂商店,先行设立;经费由厂店自行担负,课业由该局补助,一切规划指导,均由教育局主持。决定开办者,已有十余家。第二,商人补习学校,招收商店职工,授以商业上必须之知识,分国语、党义、统计学、广告学、消费合作组织法、简易商业英文会话等,先在府东街大行宫开设两处。第三,妇女补习学校,招收成年失学之妇女,灌输普通公民家政常识及应用文字,使其得有相当之职业技能。”1933年《职业补习学校规程》颁布后,1933—1935年各种补习学校的情况如表2-1所示。

表 2-1　1933—1935 年上海市各类职业补习学校情况

年份	1933				1934				1935			
项目	学校数/所	教员数/人	学生数/人	经费/元	学校数/所	教员数/人	学生数/人	经费/元	学校数/所	教员数/人	学生数/人	经费/元
合计	71	572	13173	133220	66	1209	22876	262800	59	682	19152	253522
职业补习学校	—	—	—	—	9	271	5700	61300	9	131	4126	49417
工业补习学校	3	33	454	24863	2	61	320	16173	2	24	304	14136
商业补习学校	18	187	4875	73228	20	461	10113	96320	13	254	9459	100908
妇女职业补习学校	7	51	1052	22778	7	103	1797	23100	5	52	1416	22070
普通补习学校	43	301	6792	12351	9	82	1578	14554	8	80	1554	15324
其他补习学校	—	—	—	—	19	231	3368	51353	22	141	2293	51667

2. 红帮学校职业教育的早期形式

(1)夜校

1918年冬,三位杰出的红帮裁缝代表——南京路商界联合会会长王才运、中华皮鞋公司创办人余华龙和上海市西服业同业公会理事长王廉方共同发出倡议,创办上海南京路商界联合会夜校。倡议提出:夜校的招生对象必须是会员商店的职员和学徒,非会员商店的职员和学徒暂不收录;夜校开设小学课程,主要教学生识字和基础文化知识,课程分国文、英文、数学三门;校址设在静安寺路福源里商会会所内;办学经费由商会会员主动捐赠(一开始便募得捐款达4000元);夜校附属于南京路商界联合会,为私营民办性质。创办夜校的目的在于提高红帮裁缝及红帮学徒的文化知识水平、生产技能和生产效率,降低生产成本;同时提升红帮的社会认知度,降低红帮从业人员的失业率。夜校的开办不仅使资方从中受益颇多,而且也使红帮裁缝和红帮学徒得到了发展的机会。举办夜校是红帮举办学校职业教育的一次探索性活动。

(2)西服裁剪补习班

20世纪初期,西服裁剪一直是困扰红帮裁缝的一个关键性技术问题。红帮裁缝继承了传统本帮裁缝的技术强项"手工",而对全新的技术"刀工"缺乏系统研究,其结果是西服样衣裁剪常常不够精确,多靠试衣修样来解决西服适体的问题。为提升行业的西服裁剪技术,20世纪30年代中期,上海市西服业同业公会开始创办西服裁剪补习班。至1948年8月,西服裁剪补习班共举办过10届。这些补习班均采用现代学校教育中的班级授课制,有固定的时间、地点，有专门的教材，有专业过硬、尽心尽力授课的教师。不仅如此，这些补习班所采用的教学方法也灵活多样，极富成效，而鼓励学生自学是其最具特色的教学方法。补习班还制定有科学、合理的考核标准和激励制度。开学和毕业时皆举行隆重的典礼。西服裁剪补习班实际已经具备近代职业补习教育的基本特征，它的出现是对传统艺徒训练制度的重大突破，标志着近代服装业补习教育在中国的萌芽。

(3)上海裁剪学院

20世纪三四十年代，上海的西服业已日趋成熟，西服市场也不断拓展，上海裁剪学院就是在这样一个历史背景之下应运而生的。入读上海裁剪学院的学生都是同业公会会员商号的职员和学徒，每期受训时间为五个月(6月初到10月底)。据上海市档案馆收藏的一份资料显示：1940年，上海裁剪学院有学生30人，其中毕业20人；1941年，上海裁剪学院有学生43人，全部届满毕业；1942年2月至9月，上海裁剪学院裁剪班有学生23人，日语班有学生18人；1943年至1944年，上海裁剪学院学生从五六十人增至七八十人。以上数据说明，上海裁剪学院为上海西服业同业公会各商号培养了不少西服技师和管理人才，同时也为我国的服装现代化做出了积极贡献。

不过，上海裁剪学院作为私营民办的教育机构，并未列入国民政府教育部的编制序列，既没有专门的校舍、设施，也没有稳定的师资队伍和保证正常运作的办学资金，只有教务长顾天云凭着一腔热血和敬业报国情怀苦苦支撑。由于上海裁剪学院存在的问题太多，抗战胜利后，上海市西服业同业公会决定筹建上海西服业工艺职业学校。

(4)上海私立西服业初级工艺职业学校

文档：上海私立西服业初级工艺职业学校招生简章

上海私立西服业初级工艺职业学校是中国近代以来业内第一所正规的工艺职业学校，1947年5月由上海市西服业同业公会开始筹建，1948年9月正式开学。1949年5月，该校因国内政局处于急剧变化之中而停办，前后只存在了不到一年时间。

学校位于上海宋公园路中兴路口，校长是顾天云，办学资金来自上海市西服业同业公会250多家会员商号和呢绒公会、毛织品公会的捐款。

3. 红帮早期学校职业教育的特色

红帮裁缝在业内兴办职业教育，对于中国早期职业教育的发展产生了极大的影响。红帮学校职业教育有很多极具特色的地方，即使在今天看来，依然是一笔十分宝贵的财富，值得从事当代职业教育的人们学习和借鉴。综合起来看，红帮学校职业教育具有如下几方面的特色：一是行业组织牵头，率先将职业教育理念付诸职业教育实践；二是业内人士慷慨解囊，自筹资金办学，民营私立教育机构担当职业教育重任；三是因地制宜实施职业教育，办学形式灵活多样；四是以服务行业、服务地方、服务社会为己任，开展职业教育；五是通过制定严格的规章制度、考核标准，建立有效的激励机制，保障职业教育质量，提高教学效果；六是公民、文化基础课和专业知识、技能课并重，科学设置职业教育课程，培养德才兼备的职业技术人才；七是重视师资队伍建设，任用教师以业务水平较高、职业技术精湛者为先；八是建立健全组织机构，走正规化的职业教育发展之路。

以上几点说明，早期的红帮学校职业教育虽然处在探索阶段，但依然有自己的特色，而且有特色的地方还有很多,需要我们进一步地加以研究和总结。

(三)红帮职业教育的早期理念与最新发展

1. 红帮职业教育的早期理念

(1)改变传统的艺徒制度

艺徒制度作为中国古代职业教育中最为典型的形式,产生于奴隶社会,特别适合小规模的家庭手工业生产方式。随着生产力的不断向前发展,当家庭手工业逐渐向工厂大工业演进时,艺徒制度不可避免地暴露出它与新的生产方式之间的矛盾,进行改变已是势在必行。

西服业内较早提出传统艺徒制度教育弊端的红帮裁缝是上海西服名店宏泰的老板顾天云。他在《西服裁剪指南》绪论的第一节"本书宗旨"中指出:"予在国外廿年,默察外人之业此者,莫不悉心研究。从事裁剪,得心应手,务求完美,以求顾客之欢心,而冀营业之发达。回国后,经营此业,至今已十年。国人之墨守旧法,不肯传授于人,又少匠心独运,精益求精之人,将使我业蒙有退无进之危险。予甚忧之,不揣谫陋,爰本人平生之经验,著成《西服裁剪指南》。"从《西服裁剪指南》绪论中的这段文字可以看出,以顾天云为代表的一些有远见卓识的红帮人,已经察觉出业内传统技艺传授方式的弊端,并试图通过个人努力加以改变。

代表红帮群体意见、明确提出改变落后的艺徒制的文字见于1947年11月上海西服业同业公会第三次会员大会的会议记录中。大会宣读了同业公会创办西服业工艺职业学校的决定:"本业早有创办职业工艺学校之动机,原则不外乎近代各业作业人员素无专长学识,工人教育水准极感贫乏,以致时生不合理之纠纷,其症结在于师徒相传……工人学识水准无从提高,是以学徒之风不能革除,因此相袭,弊窦丛生,以致正规常失,不徒本业不能前进,影响国家与社会之发展实深。本业有鉴于此,斯遂有设立职业工艺学校之议,为革除学徒制之先声。"可见,上海西服业同业公会创建工艺职业学校的直接动因,就是改变传统落后的艺徒制度,努力建立一种适应时代、行业发展的现代职业教育方式。

(2)职教救国

由于近代中国面临前所未有的民族危机,国内一些教育先驱抱着救国兴邦的理想,将发展职业教育和祖国的安危密切结合起来,积极宣传"职教救国"的崇高理念。红帮的教育先驱不但同样有着以教育发展生产力、以行业振兴国家的理念,而且是"职教救国"理念的勇敢实践者。

顾天云在《西服裁剪指南》绪论的第二节"成功之路"中提到了经济优劣与国家兴衰的关系,"现代世界,一是经济战争之世界也。国家之兴亡,全视夫国民经济能力之厚薄,初非全赖于兵力,其国之经济能力甚充裕,国民生产率甚富足,其国未有不强,反之则弱",然后道出各行各业救国富民的途径,"我国民报国有心,御侮无力,惟当各展其生产能力,从事于农工实业,兢兢焉与外人相抗衡,民富便是国富,民强便是国强,幸勿谓吾辈工业,无关于国家之强弱兴亡也"。

然而,行业的发展必须依靠先进的教育。上海市西服业同业公会清醒地认识到,中西西服业的差距关键在于现代职业教育的巨大差距:"查裁剪学校在欧美各国早有设立,而在吾国当属少见""时代进化,学术昌明,而工艺之于今日应为学术中之重要一课。欧美列强对于各种工艺均有专校设立，资为研究，是以能精益求精，故其出品优良，行销环球，不胫而走，执商场之牛耳，以之裕国富民，良非偶然。我国受频年战争影响，于教育事业瞠乎落后，坐而咨嗟，言以寄恨，亦复何益”“务求成立一有规模的裁剪学校以便广植人才，以致实用，故必须急起直追，以求改善”。从“急起直追”可以看出上海市西服业同业公会的理事、监事们唯恐国内服装教育与西方差距太大的急切心情，这种心情实际蕴藏了他们迫切希望通过职业教育救国的政治理想。在筹建西服业工艺职业学校的劝募信函中，也透露出他们志在与欧美列强一决高下的决心：“创立本业工艺职业学校旨在培植后起之秀，开各工艺界立校之先河，以希一日与欧美列强驰驱先后。”这些引述的文字说明，顾天云等红帮人希望通过先进的教育培养高技术水平人才，以实现振兴行业、富国强民的远大抱负。

(3)广泛培养高素质的实用型人才

随着西服行业的不断发展，红帮裁缝对业内人才培养的目标定位是“广泛培养高素质的实用型人才”。

首先是要“广植人才”。由于传统艺徒制属于个别教育，教育效率较低，无法满足西服市场对人才数量的需求，于是上海市西服业同业公会决定创设上海市西服业工艺职业学校，目的就是广泛培养后起之秀。其次，学徒一般只跟师傅学习手艺，不接受其他方面的教育，知识水平有限，认识范围也较狭窄，无法满足西服市场对人才质量的要求。上海市西服业同业公会在筹建上海市西服业工艺职业学校的劝募信函中称，目前西服业的职工大多“学识良知无从灌输，以致陋习成风，知识寡实，为敝业之羞……敝会有志于此设立工艺职业学校以期提高工友知识水准及改进技术，或当一日与欧美列强争长”。可见，上海市西服业同业公会的教育目标就是要解决人才素质不高的问题，为行业发展培养高素质的实用型人才。

实用型人才的标准是真正能为行业所用，能够把所学的理论知识熟练运用到实践中，有较强的实际操作技能。上海市西服业同业公会在创办工艺职业学校之前就发现社会上的一些职业院校在培养人才方面存在实用性较差、不能满足工商各业需要的弊端，以及由此引发的毕业生失业率较高的社会问题。对此，上海市西服业工艺职业学校的办学意旨可谓一语中的：“我国近时虽学校林立，人才辈出，然于社会工商各业仍未获相当实益者，不外于所学非所用，或所用非所学，因之学子一经学校毕业即感失业之痛！”这种社会状况实令上海市西服业同业公会深感忧虑，“际此匪患方张，烽烟遍地，人民流离无归，失业愈众，实为社会隐患”，因此他们在创办上海市西服业工艺职业学校时所奉行的宗旨之一就是“救济社会失学青年，造就一技之长，籍能谋生”。由此可见，上海市西服业同业公会“广泛培养高素质的实用型人才”的教育理念，不仅出于行业发展的需要，还着眼于当时社会发展的大局和国家的未来。

2. 红帮职业教育的最新发展

(1)大力兴办纺织服装类中等、高等职业学校

革新职业教育方式，为国家富强、人民富裕、社会发展培养高素质的实用型人才，既是红帮人早期的职业教育理念，也是红帮人今日的职业教育追求。现在，很多当代红帮企业，如罗蒙、培罗成等，一方面，依然保留着红帮早期学徒制的一些优良传统，或者举办企业培训班，对员工进行职业教育，另一方面，则把更多的职业教育任务交给了宁波本地的

纺织服装类中高职学校。在宁波,不但纺织服装企业群星闪耀,纺织服装类中高职学校也蓬勃发展,不断续写红帮学校职业教育新的篇章。从下面几所中高职学校的简短介绍中,人们不难看到今日红帮兴办学校职业教育的盛况及各自的办学特色。

①宁波服装职业技术学院(奉化大桥职业技术学院)

该校为全国首批重点职校,是一所融中专、职高、技术培训于一体的综合性学校。学校服装设计专业学生设计的各类服装作品在全国服装设计大赛中屡摘桂冠,连获殊荣;服装表演专业更是新人迭出、群星璀璨,涌现出连扬、谢亚男、陈兰芳、徐莉、余君珠等一批国内著名模特。原国家教委主任何东昌为学校题词"服装强市的人才基地"。学校后并入浙江纺织服装职业技术学院。

②宁波市洪艺服装学校

该校始建于1986年,是一所融大专、中专、职高、技术培训于一体的服装专业名校。学校具有教学用的一切服装设备,如高速电动车台、大型服装粘合机、全自动蒸汽烫台、打眼机、全自动磨刀电剪刀、针织厂专用双针车、多功能打板桌等,并设有服装CAD室、设计室、画室、试样室、打板室、学生展示厅、实习车间、服装设计中心。1994年被列为宁波市四所特色职业学校之一。

③宁波四季春服装学校

该校创建于1987年8月,正式成立于1995年9月12日,现为宁波市服装专业知名特色学校。学校设立了服装成衣工厂、服装设计中心、现代企业制版中心、服装CAD培训工场、服装CAD硬软件推广中心,还外聘雅戈尔、杉杉等企业的技师来校指导企业服装样板技术,形成特色教学。学校在省内与500多家服装企业,如雅戈尔、杉杉、洛兹、布利杰等,建立了长期用人合作关系,毕业生深受用人单位的好评。

④宁波红帮服装学校

该校成立于1991年,是一所全日制培养高级服装专业人才的特色学校,目前有大专部、职高部及技术培训部。学校开设课程全面,采用先进的平面与立体剪裁方法进行教学。学校还同台湾微纺科技公司与中国航天科技集团合作,引进丽欧娜服饰设计系统、航天服装CAD打板系统,应用于专业教学之中。宁波著名的霓裳设计中心、依依服饰设计中心等都由该校学生创办。

⑤浙江纺织服装职业技术学院

学校是一所从事高等职业教育的公办全日制高校,由宁波市人民政府举办,是浙江省示范性高等职业院校建设单位。学校下设纺织学院、时装学院、艺术与设计学院、商学院(雅戈尔商学院)、信息媒体学院、机电与轨道交通学院、人文学院(社科部)、中英时尚设计学院(国际学院)、继续教育学院(宁波明州职业专修学院)等二级学院。学校现有专业35个,其中省级重点专业3个,省级示范专业4个,省级特色专业8个,省级优势专业2个,宁波市品牌专业1个,宁波市特色专业3个;有国家精品课程4门,省级精品课程18门;有中央财政支持的实训基地2个,省级示范性实训基地4个;有省级教学成果奖4项,中国纺织工业协会教学成果奖10余项,浙江省新世纪高等教育教学改革研究项目12项。学校大力实施国际合作与校企合作两大战略,努力实现特色发展和跨越式发展。

(2)倾力打造红帮职业教育文化品牌

像宁波这样在同一座城市有如此多的中高职学校为同一行业培养高素质的实用性专业技术人才的情况,不只在浙江绝无仅有,在全国恐怕也实属罕见。而同样值得我们称道的是,这里的职教工作者还以他们共同的意识和行动,打造红帮职业教育文化品牌。

宁波服装职业技术学校面向当地经济,办出名牌专业,被媒体誉为"'红帮'故里出名模""职高绽开品牌花";洪艺服装学校传授中国红帮第五代传人、上海服装特级技师谢兆甫的高级裁制技艺,传授现代服装企业应用的设计、打板等一系列专业技术,表现出了鲜明的红帮特色;四季春服装学校紧跟时代步伐,与当代红帮企业携手合作,实行直接为现代服装企业服务的特色教学,根据市场需求不断调整和推出新的技术课程,拓展学生发挥技术的空间,成为直通企业的桥梁;红帮服装学校在校名前直接冠以"红帮"二字,其深刻用意不言自明;浙江纺织服装职业技术学院更以弘扬"敢为人先、精于技艺、诚信重诺、勤奋敬业"的红帮精神为己任,积极开展"诚信文化、技艺文化、尚美文化、创新文化"四大文化活动,全面推进人文素质教育,同时借助全国纺织行业高技能人才培训基地和宁波市纺织服装应用型专业人才培养基地的优势,以宁波市纺织服装产学研技术创新联盟为平台,着力培养具备职业道德,具有创新能力、沟通能力和合作能力的高素质技能型人才,为区域经济和社会发展服务。

在打造红帮职业教育文化品牌方面,浙江纺织服装职业技术学院的做法尤为值得关注。

2004年,浙江轻纺职业技术学院与宁波服装职业技术学院合并组建浙江纺织服装职业技术学院,自那一刻起,作为宁波市乃至浙江省纺织服装类中高职学校的龙头,学校便自觉地扛起了弘扬红帮文化的大旗,并采取一系列措施,着力打造红帮职业教育文化品牌。

学校先是创办红帮文化研究所(后改设文化研究院),挖掘红帮文化遗产,夯实红帮文化传承基础;接下去是创建红帮文化展览馆和红帮文化长廊,设置红帮文化传承窗口;再是开发红帮文化校本课程和红帮文化校本教材,拓展红帮文化传承渠道;最后是建设校园创业一条街和创业培训学院,为学生参与专业活动和社会实践活动搭建红帮文化体验平台。现在,学校的红帮文化已经成为浙江省优秀校园文化品牌,并荣获全国高校校园文化建设优秀成果奖。

视频:浙江纺织服装职业技术学院宣传片

第三章 红帮的科研活动

一 科研成就与特色

(一)科研成就

一个服装行业团体的兴盛,其背后必然伴随着服装文化的兴盛,红帮人注意积累实践经验,并将其转化为理论。

从20世纪30年代初一代宗师顾天云写出《西服裁剪指南》开始,红帮人对服装科技和服装文化的研究形成了优良传统,参与人数多、时间久、成果多,可谓人才辈出,硕果累累,是其他行业群体无法企及的。

有关红帮人的服装科研活动与成果,通过表3-1可略见一斑。

表3-1 红帮科研活动与成果

研究者	时间	成果
顾天云	20世纪30年代	《西服裁剪指南》
林正苞	20世纪30—40年代	《裁剪指南》等5种
王圭璋	20世纪50年代	《童装典范》等8种
王庆和	20世纪50—60年代	《服装裁剪基本方法》等13种
胡沛天	20世纪50—70年代	5种
戴永甫	20世纪50—80年代	《缝纫机的使用与修理》等24种
江继明	20世纪50年代—21世纪初期	《服装裁剪》等6种
包昌法	20世纪50年代—21世纪初期	《缝纫机学习讲话》等40多种

石成玉、王庭森、唐中华、邬金宝、杨鹏云、沈仁沛、陈明栋、谢兆甫等拥有1~5种专著成果的红帮人就更多了,目前尚无系统统计。

以上种种无不表明,红帮已不再是一个只会实干、只求实功实利的民间自发形成的初级流派,而是一个有学术理论支持,有科学思想指导,名师辈出、名店林立、著名产品不断涌现,在全国服装行业中独领风骚、引导中国服装艺术潮流的主导性流派。

（二）科研特色

由于参与的人数多、时间久、成果多，红帮的服装研究已经形成自己的特色。

1. 接地气，重应用

这一点在红帮人的服装科技与服装文化研究上表现得尤为突出。红帮人始终脚踏实地，一切均从中国服装变革的实际出发，适时从服装业的实践中发现课题。

《服装省料裁配法》

王庆和的《服装省料裁配法》，戴永甫的《怎样学习裁剪》，江继明的《怎样划线，款式变化》，包昌法的《服装省料法》，等等，都是在新中国成立后国家百业待兴、各行各业厉行增产节约运动的过程中编撰出来的，因而为广大群众所热忱欢迎。

王庆和在1958年2月出版《服装省料裁配法》，其编书的宗旨就是为了节约棉布，力求符合经济实用、省料、美观的原则。

20世纪50年代，在当时的服装生产合作社里，为节约凭票购买的计划布料，戴永甫率先研究制作了一种小巧玲珑的圆形衣料计算盘。这是用两块大小不一的硬纸板制成的圆盘，圆弧周围都有刻度标明尺码，轻轻一转，就可以查出各种款式和规格的服装用料。生产工人和绸布店营业员使用后一致认为这个工具方便可靠、节约时间、节省衣料。

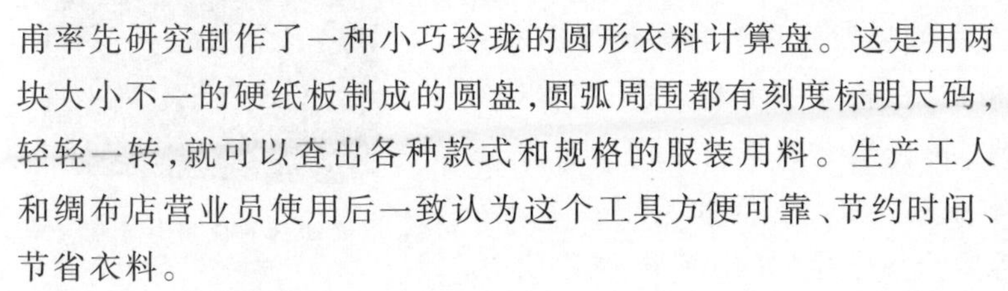

《怎样学习裁剪》

包昌法的《服装省料法》主要介绍了紧密排料、套裁开片、各种款式的省料新装及改革服装结构的途径和修补旧衣的艺术，内容浅显易懂，发行了100多万册。江继明的《怎样划线，款式变化》再版了16次，发行达150万册。以上数字充分表明这些通俗读物在科普中发挥了广泛而巨大的作用，因而也获得了多项科研奖项。

王圭章1951年编写的《童装典范》作为景华函授学院裁剪系童装科的讲义，以图文结合的形式向学员介绍男女童装的各种款式及裁剪图。

20世纪80年代，社会上出现了西服热，正确引导这股热潮、普及西装穿法成了具有良好西服文化素养的红帮人的责任。“裁缝状元”陆成法连续在《新民晚报》上发表文章，介绍西服的款式、西服流行的趋势、西服的穿法与选择等，深受读者欢迎。

《服装省料法》

2. 产学研紧密结合

红帮人自觉地把产业、科研和教学紧密结合起来，使之一体化，在服装行业中是具有开创性的。

红帮人把自己的实践经验和科研成果广泛运用于职业教育，始终将科研活动和教学活动紧密结合，自筹经费，自办职业技校，自拟办学章程，自创教学计划、教学方法，自编专业教材，自任专业教师，为红帮事业培养继承者。红帮的职业教育取得了显著成效，在全国各地先后培养出了数量相当多的接班人，包括多种多样的高级科技人才、管理人才、创新人才。

顾天云、王庆和、陈宗瑜、戴永甫、陈明栋、包昌法、陈星法、江继明等都曾在自己所在的省、市参与过多种形式的教学活动，把自己的科研成果、科技发明传授给下一代。

我国第一部现代服装专著《西服裁剪指南》的编著者顾天云，以此为教材，在上海市西服业同业公会先后创办的夜校、培训班、上海裁剪学院、上海市西服业工艺职业学校授课，谆谆教导学生“必须精益求精，使所出品之工作，能轶出欧美而上之……藉出品之精良，而争得国际市场”。

戴永甫在20世纪50年代曾开设服装裁剪专修班，其编写的《缝纫机的使用与修理》就在专修班使用。戴永甫的《服装裁剪新法——D式裁剪》先后发行百万册。他以此书为教材，通过各种渠道加以传播，举办过数十期讲习班，传授他的D式裁剪新法，教授来自全国各地的学员达数万人，为全国各地培养了数万名服装业新人。从开始研究服装裁剪技术到取得开创性成果D式裁剪，戴永甫一直将教学作为与科研紧密相连的重要工作，一方面教学相长，在教学中不断促进、完善研究成果；另一方面以教育兴业，传授研究成果将之用于实践，真正实现科研的价值，促进本业的发展。整个80年代是D式裁剪学习班的辉煌时期，培养了众多学生，如江继明、柴建明等，都得到了戴永甫的悉心指导、热心关怀与精神鼓舞。这些学生遍布于服装行业的各个岗位，他们后来大多担任本单位的技术骨干，对80年代以后我国服装业的振兴起到了重要的技术支持作用。

《缝纫机的使用与修理》

包昌法的每一项研究成果都是以教书育人为宗旨的。他在《服装学概论》《服装学导论》中说得非常明白：“《服装学导论》是服装学的基础教材”“现代服装教学，已经改变了传统、落后的师傅带徒弟的个体传授技艺方式和只讲穿针引线、缝缝烫烫的手工艺内容”“我们的培养目标也必须是会设计、懂技术、能管理、善经营的并具有多方面知识和技能的复合型的服装专业人才”。

谢兆甫从1954年开始坚持办裁剪缝纫传授所达40年之久，自编《精制男女西装工艺》等教材，学员遍布全国十多个省、区、市。他的学生毛洪鑫、董祝琴忠实地继承了老师的事业，在宁波创办洪艺服装学校，先后培养了万名服装专业技术人才。

红都服装公司第三任经理王庭淼继承了红帮人重视科研、培养新人的传统。他先后带人编写了《男裤标样试定试行规范》《西服缝制要诀》等著述，结合基本原理、自己的经验和新的规范，编写职工学习和培训教材，使红都始终能紧跟时代步伐，不断提升综合水平。

王庆和在20世纪五六十年代编写了《男女单服单号裁剪排料图录册》，书的内容为男女各式单服单号、西裤单号排料图，并附男女单服上衣、西裤、平裤的规格尺寸、用料说明。

他多次去文化馆等场所讲课，将红帮服装的裁剪技术传给弟子。

各地的红帮高手后来都成为所在城市服装研究所的所长、研究员或顾问。李尧章为上海服装研究所所长；陈康标为上海服饰学会西服专家委员会主任；杨鹏云任职于浙江工艺美术研究所，从事全省的服装辅导工作；还有哈尔滨的陈宗瑜、北京的石成玉、西宁的陈星法；等等。

《男女单服单号裁剪排料图录册》

红帮第六代传人江继明，在宁波市服装鞋帽公司工作期间经常为下属服装企业和社会服装爱好者进行培训，培养了许多业务骨干；后来又到浙江纺织职业技术学院成了一名老师，教书育人。几十年来，他大部分时间都在教学岗位，把自己生平所学传授给他人。

红帮裁缝第六代传人江继明

台北格兰西服公司的创意总监陈和平也非常注重服装知识的传播工作。他自接手格兰以来，潜心研究世界男装潮流，研究西装美学。他的研究成果从早期薄薄的一张纸，到一本册子，然后是电子书，最后是关于西装研究的书籍《西装穿着100问》。业余时间，他还在大学担任讲师，讲授西服发展的历史、西服款式的选择、服饰搭配的艺术、西服穿着的礼仪等，从美学的角度提升人们穿衣的美感。他还是《富豪人生》《世界腕表精品情报》等杂志时尚专栏的作家，为其撰写服饰鉴赏文章，并不定期地举办高级西服面料鉴赏会，指导人们鉴赏高级布料、品味手工定制西服的妙处。

二 名家名著列举

在不同时期，红帮人的科研活动中均出现了一些代表性人物与标志性成果，择要列举如下。

1. 顾天云与《西服裁剪指南》

顾天云是中国现代服装研究的开创者。他15岁时去上海拜师学裁缝，满师后东渡日本，随后又游历欧美，1933年写成《西服裁剪指南》。

《西服裁剪指南》是顾天云多年西服缝制生涯和在日本、欧洲考察体会的总结，正如他在序中所说，“书中记述，全本予平生之经验”，同时也寄托了他培养后辈、发展实业、振兴民族经济的希望。该著作共分十一章。前八章分门别类地介绍各式西服的裁剪工艺，第九章为《修正法》,第十章《欧美服装法》中对西服在夜间宴会、观剧、舞会、结婚、晚餐、访问等场合中的穿着做了详细的介绍,最后一章是《西服商初级英语会话》,分单语类、饭店用语、船上用语、女成衣部、男成衣部和访问用语等方面进行讲解,帮助读者掌握常用的英语会话。

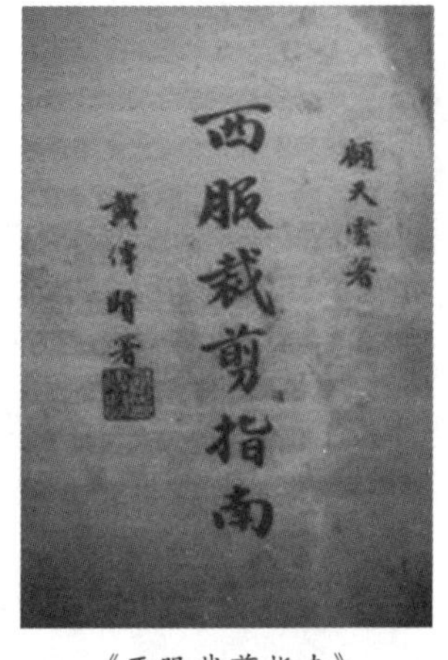

《西服裁剪指南》

《西服裁剪指南》是国人第一部西服专著,它使红帮技艺从经验上升到理论,它的诞生是我国西服业发展过程中一个划时代的里程碑,在当时即被人们誉为"革新之准"。这本书不但为红帮这个裁缝群体提供了科学文化理论的支撑,而且形成了红帮重视研究的优良传统。

2. 戴永甫与《服装裁剪新法——D式裁剪》

戴永甫最重要的成就是对D式裁剪法的研究与推广,这项具有开创性的重大研究成果为他带来巨大的荣誉,也奠定了他在我国服装裁剪技术发展历史上的重要地位。

《服装裁剪新法——D式裁剪》

戴永甫从做裁缝开始就钻研服装科技。20世纪50年代,他研制成衣料技算盘,同时,又编写出版了《怎样学习裁剪》一书。其后,凭着顽强的毅力和惊人的意志,他业余进修中学数学直至微积分,开始主攻D式裁剪法,几经修订完善,最终出版了《服装裁剪新法——D式裁剪》一书。

全书内容包括五个部分:服装裁剪新法概述,服装裁剪基础知识,裁剪制图实例,主要服装顺序排料,附录。第三部分是全书的主要部分,分为男式服装(介绍了32种男装的裁剪方法),女式服装(介绍了57种女装的裁剪方法),儿童服装(介绍了34种童装的裁剪方法),裤子(介绍了17种裤子的裁剪方法),帽子,鞋子,手套。第四部分则介绍了8种常用服装的排料顺序。该书在当时被评价为"提供了国际上从未有过的服装结构的准确函数关系",成为当代"唯一有理论依据的科学裁剪方法"。

戴永甫从学习借鉴到开拓创新,以科学严谨的态度使之精确完善,最终取得了以D为变量的准确袖系函数关系这一突破性研究成果,开创了服装裁剪技术领域袖系理论的先河。书出版的8个月内即重印了4次,印数达30万册,1987年获全国优秀畅销书奖,1991年获得全国最佳服装图书奖,当时发行量已达100余万册。

3. 包昌法与多种服装科普著作

包昌法,1932年冬生于宁波市北郊湾头乡包家漕村(今属宁波市江北区)。他为服装科研几十年如一日,硕果累累。

《时装缝纫要领》

这位自称"服装文化探索迷"的红帮裁缝,从1947年当学徒开始迷上了服装这一行。工作之余,他如饥似渴地自学有关服装的各门知识。20世纪40年代,上海开始推广使用缝纫机,包昌法便学习、钻研缝纫机,1952年编写出《缝纫机学习讲话》。

这是一本极为适时、适用的书，此后12年间被多家出版社增订再版了4次。

1980年，包昌法出版了《服装省料法》一书，发行了100多万册；次年，又出版了《巧用边角衣料》一书；之后，陆续出版了《时装缝纫要领》《服装知识漫谈》《穿着艺术》及童装、新婚礼服等方面的图书近20种。这些图书都和时代紧密相连，并且非常贴近广大群众的日常生活需求，因此都成为当时罕见的畅销书。

《服装知识漫谈》

除了以上这些科普类的著作，包昌法的服装研究还有向纵深发展的成果，包括《服装学导论》《服装学概论》等著作。迄至2005年，包昌法已出版的近40部服装著作和已发表的200余篇论文加在一起，已超过400万字。

4. 江继明与《服装折纸打样法》

江继明，1934年生于宁波奉化的一个裁缝世家，13岁时离开老家到上海学艺。江继明在1970年与人合作出版了《服装裁剪》一书，这是他在带病工作时花了4个月时间完成的第一部专著。接下来，他马不停蹄地总结经验，又撰写了第二部专著《服装裁剪与缝纫》。此书出版于1981年，几年内重印16次，发行量超过百万册，可见是一本深受大众欢迎的畅销书。著书的欲望并未到此为止，他还想做更深层次的探索，于是于1994年出版了第三部专著《服装特殊体型裁剪》。此书弥补了常规服装裁剪所无法完成的技艺，和第二本书成了配套专业用书，为服装加工部门和个人必备之书。

1994年，江继明退休了，准备着手整理、研究宁波的服装史。这时他发现，分布在全国各地的老一辈红帮裁缝不足百人，他们工艺精湛，却大多年事已高，如不及时采取措施，珍贵的历史、技艺和文化就会随着老人们的去世而永远消失。他决心要保护好这些研究宁波服装史、宁波文化乃至中国近现代服装史的"活档案"，于是拿出自己几十年积攒下的20万元，于1998年建立了宁波继明红帮服装研究所，借助这个平台，充分继承和发扬红帮精神，传艺带徒，推陈出新，探索出一条属于红帮的科研创新和成果转化新路。随着浙江纺织服装职业技术学院成立，红帮服装研究所并入学校成为其中的一个研究机构，人力、物力、财力均得到充实与发展。研究所成绩斐然，先后成功研制出快速服装放样板、服装裁剪三围活动标尺、教学服装模型等多项技术，获得国家专利。

《服装折纸打样法》

打样是服装制作的核心技术，如何使之彻底从尺和笔的烦恼中解放出来？江继明花了5年时间钻研服装折纸打样，经过无数次的折纸试验，终于成功发明服装折纸打样法，2007年出版《服装折纸打样法》一书。同时，经过专利机构漫长的审核，他的这一发明终于在2011年获得专利。

视频：红帮第六代传人江继明先生发明的折纸打样法

第四章　红帮精神

一　敢为人先精神

(一)红帮的创新精神

1. 服装理念的创新

中华民族素有“礼仪之邦”的美誉，人们穿着讲究体面，加之受儒家、道家思想的影响，崇尚统一、优美、中和、神似、儒雅、对称等美感。其服装在款式上更多表现为含蓄、端正、严谨和大方之风，用宽松的衣服包裹人体，崇尚自然和谐之美，体现出“天人合一”的宇宙观。中国人在服装上所表现的是一种“以衣言志”的艺术意境，这种思想使得人们在服装上面追求一种超越形体的精神美。

数千年来，中华民族的服装以褒衣博带、长裾雅步为基本特征。春秋战国的深衣袍服，秦汉魏晋南北朝的褒衣博袍，隋唐五代的圆领缺胯袍，宋代的道服，明代的补服，清代的长袍马褂，无一不是以宽博为特征的。这种宽博的服装运用庞大的轮廓、体积感，以及象征性的图案来显示威仪。这种服装特别重视平面的铺陈和图案，犹如中国古代工笔人物画所描绘的人物，多有一种飘逸的视觉效果，但它不重视形体，其造型往往与身体不太贴合。

西方服装文化强调的是服装在突出人体美上的审美功能，认为服装是对人体曲线美的表达。现实世界里形体真正完美的人并不多，但西方的服装可以在突出人体之美方面发挥作用。如果一个人的形体本来就很美，服装就应该把这种美展示出来；如果一个人的形体有缺陷，服装就调动造型手段通过调整轮廓线、分割线、比例、色彩等来改变形体，以此创造形体美。

鸦片战争以后，随着西方文化的涌入，西方服装文化也对中国传统服装文化造成了极大的冲击，有识之士积极主张改革中国传统服装，提出接受西式服装，广大留学生也纷纷脱下长袍马褂换上西式服装。尽管服装变革的呼声很高，但是变革的阻力却很大。康有为曾在给光绪皇帝的奏章中建议向欧美国家学习，“断发易服”，改为西式服装，但戊戌变法以失败而告终。辛亥革命推翻了封建统治，中华民国颁布了新服制，但是中国传统服装长袍马褂仍然作为常礼服出现于新的服制中；且服制改革后虽然西服成了国人主要的礼服，但它与中国人的生活方式毕竟有着不尽符合之处，于是引来了种种非议。就是在这样的背景下，原来活跃于奉化江两岸的地位极为低下的一群手工业者——本帮裁缝，审时度势，把握机遇，推动了西服业在中国的发展，并成为中国近现代服装史上成就卓著、影响深远的一个裁缝群体。他们告别家乡，闯荡四海，足迹遍布上海、北京、天津、哈尔滨、长春、武汉、苏州等城市。

鸦片战争以后，一批批来自世界各地的移民纷纷登陆上海滩，上海成为全国的时装中心。在这样的形势下，早先到日本学艺的一些宁波裁缝陆陆续续地从日本转到上海，很快在上海打开局面，裁缝作坊、服装店乃至服装公司相继出现。譬如江良通，于日本明治维新后到日本学习西服制作技艺，学成后回国，在上海奋斗几年后，于1896年开设了和昌号西服店。后来其儿子江辅臣继承父业，任和昌号经理。和昌号西服店是中国人在上海开设的第一家西服店。又如王睿谟，他约于1885至1886年间赴日本学习西服制作，1891年回到上海，1900年和儿子王才运开办了王荣泰洋服店。1910年，王才运又与同乡王汝功、张理标一起开设了荣昌祥呢绒西服号。荣昌祥呢绒西服号不但陈设各种西服，还有衬衫、羊毛衫、领带、领带夹、呢帽、开普帽、皮鞋、吊袜带等时尚衣饰，在当时的上海颇有影响。但是王才运并不满足于现状，为了提高西服的档次，增强与外商竞争的能力，他从英国订购西服样本，使产品不断更新换代，同时又从日本、朝鲜、海参崴等地重金聘请出类拔萃的华工裁缝，还通过怡和、孔士、元祥、石利路等洋行向英国、意大利等国厂商订货。充裕的货源，高超的技术，周全的服务，使荣昌祥在中外顾客中建立了卓著的信誉。王才运还为西服行业培养了不少优秀人才，从荣昌祥出去自立门户的就有20余人，其中大多在南京路开办西服店，与荣昌祥遥相呼应。如王才兴、王和兴的王兴昌呢绒西服号，王来富的王荣康呢绒西服号，王辅庆的王顺泰西装号，王廉方的裕昌祥呢绒西服号，王士东、周永昇的汇利呢绒西服号，王正甫、王介甫的洽昌祥西服号，等等。王才运为红帮裁缝队伍的壮大和西服事业在中国的发展做出了不可磨灭的贡献。再如顾天云，他1903年去日本闯荡，在东京开设宏泰西服店。为了开阔视野，深度了解西方的西服款式、成衣诀窍及服装市场的新动向，他于20世纪20年代初从日本去欧洲进行考察。1923年，从西方考察回来后，他便在上海开办了宏泰西服店。

总之，红帮人在南京路、四川路（今四川中路）、霞飞路（今淮海中路）、湖北路等地开设了众多西服店。从1896年江良通父子开办和昌号起到1950年间，上海西服店多时有700多家，其中宁波人开的有420多家，约占总数的60%。

2. 服装制作技术的创新

自服装产生之日起，便有了服装制作这一行当。在中国古代有专门掌管王宫缝制之事的官员，叫缝人；但庶民的衣服主要是自己缝制的，织布缝衣是古代女子必须掌握的女红技术。中国古代服装崇尚宽博，不注重人体造型，采用平面裁剪，将一块布对折后稍加剪裁，留出领位，领子多为圆领、直领或交领，到了清代才有了立领，袖子或连袖，或装袖，技术简单，容易操作。中国古代的几次服饰变革始终没有改变传统的宽衣博袍的基本形式，所以，服装裁剪、缝制技术也没有产生大的进步。

自西服东渐开始，中国服装制作技术走上了不断改革创新之路。

目前的研究资料表明，中国人学习西方裁剪技术是从张尚义开始的。张尚义是宁波的一个小裁缝，19世纪初在一次海难中流落到日本横滨。他在横滨借修补西服之便，将洋人的西服拆开，并依样剪出样板，反复琢磨，模仿缝制，终获成功。他还陆续分批将家乡子弟带到日本，向他们悉心传授西服缝制技术，并扩大作坊，创立同义昌西服店。

张尚义及其儿孙、亲友在日本创业之时正逢西风东渐，英、法、俄、美等西方列强的经济思想、生活方式强烈地冲击着日本的方方面面，推动了日本明治维新运动的兴起。明治维新实行“富国强兵、殖产兴业、文明开化”三大政策，积极向西方先进文化学习，表现在服饰领域就是新兴的服装业以不可抗御之势推动传统旧式服装的改革，促进了日本民族服饰时尚的变迁。在这样的形势下，继张尚义之后，江良通、王睿谟、顾天云等相继赴日本学习西服制作技术。于是，在中国裁缝中，有了一支掌握西式立体裁剪方法的队伍，这便是红帮裁缝。

红帮裁缝从落后的平面裁剪发展到先进的立体裁剪，这在中国服装制作工艺上是一大创新。中国几千年来推行袍服所采用的平面裁剪，只需按指定的服装款式和规格尺寸，在平面的纸样或衣料上间接或直接裁剪。而立体裁剪则截然不同，它是将平面的布料披挂在人体模型上，按照指定的款式边造型边修正，边固定边裁剪，然后再根据布样裁料，或制作样板裁料。立体裁剪可以解决平面裁剪中一些难以解决的问题，可以根据不同人的身材量身定做，能使平面的布片形成三维的立体造型，有助于美化人体。红帮裁缝在日本横滨完成了对中国传统服装裁剪技术——平面裁剪的一次革命，而张尚义是创新中国服装制作技术的第一人。

红帮裁缝在掌握了西服裁剪技术以后并未就此而满足，他们根据中国的国情和民众的需求将西服制作技术与中国的服饰审美理念结合起来，在服装制作技术创新上又走出了成功的一步：创制了中西合璧的典范性服装中山装，改良了旗袍。

中山装是由孙中山先生亲自指导设计，并由红帮裁缝制作完成的。中山装在设计上引进西方服饰文化理念，以西装基本式样为模式，同时又糅入中国传统文化意识，赋予中山装许多中国式的寓意；在制作上融会了中西服装制作技术。

旗袍也是中西服装技术融合的典范之作。旗袍本是满族女子穿着的一种长而宽大的服装，它为直筒式，无法显示女性身材特征。从清末开始，旗袍这一服装款式悄然地发生了变化，到了辛亥革命以后，尤其是20世纪20年代，红帮裁缝在继承中国传统服饰的基础上，大胆地将西方服饰理念和造型艺术引入旗袍设计领域，不断地改进旗袍款式、造型和裁剪、制作方法，把中西女装的长处有机地融合在一起。

中山装的创制和旗袍的改良是中国服装制作技术的又一次革命，完成这一革命的主要人物首推红帮。此外，在海派西服的创制上红帮也做出了自己的独特贡献。

由于不同地域有着不同的文化传统和审美习惯，所以世界上不同国家和地区的西服也都有着自己独特的风格。法国的西服大多讲究腰身线条的性感，款式注重收腰贴身、背挺肩拔；意大利的西服采用圆润肩型、长腰身，线条流畅；美国的西服强调轻松随意、肥大宽松；德国的西服则使男人显得健壮、高大、威严。在中国，南北各地人们的形体、气质、习性、生活环境也存在差异，所以西服也有差异。在北方，西服参照西欧和北欧的风格；在南方，上海人的服饰与日本人的服饰有些共同点，广东等地的西服则与港澳地区接近。因此，出现了西服的“罗宋派”“英美派”“犹太派”“日本派”“印度派”等。以上海的红帮人为例，他们在学做西服的过程中，没有生搬硬套，而是一方面借鉴西服的优点和先进的裁剪技法，另一方面又在长期的实践中观察研究上海人的体型，创制符合上海人身材、气质、审美习惯的西服，经过不断试验，终于在20世纪三四十年代成功地创造出与海派文化融为一体的具有中国特色的海派西服。海派西服具有肩薄腰宽、轻松挺拔的特点，它凝聚了红帮人的智慧和才能，是红帮人在中国服装制作技术上的又一次创新。

3. 服装经营的创新

红帮裁缝之所以能从包袱裁缝，到小作坊，继而经营店堂，乃至服装公司，一步步地走向成功，除了在服装制作技术上不断创新外，还与他们在经营上的不断创新紧密关联。红帮裁缝的创业史是一部不断创新的历史。

在营销上，顾客至上是所有商业经营者恪守的信条，而红帮裁缝在此基础上提出了亲情营销，把顾客当作亲人或朋友。为此，一些大的店铺特地在店堂里设立高雅的会客厅或接待室。在店堂的布置上，无论店铺大小都尽量营造出温馨的氛围，使顾客入内感到温暖和亲和，产生宾至如归的感觉，从而建立起亲情般的供需关系。与此同时，红帮裁缝十分重视员工素质以提高服务质量，譬如王才运的荣昌祥西服店在每天店堂打烊后就会组织学徒学习国文、英语、珠算、会计等课程，并明文制定18条店规，严格约束员工，要求他们文明热情接待顾客。

质量第一，这是红帮裁缝的执着追求。譬如罗宋派西服为追求上乘的质量，便有以下几条约定俗成的规矩。一是面料采用上等进口呢绒，辅料、衬头、垫肩、纽扣等都用高级的进口货。二是精工细作，一丝不苟：面料裁剪后，先熨烫4个小时，以达到彻底缩水；上衣注重试缝、修订和补正，以求最大程度上的合体。三是高薪聘请技师，按照顾客的各种体型量体设计，力求技艺出群。为了提高服装成品质量，红帮服装师们想了不少招数，其中有一招为设立"西装专家"，即在店堂设立落地着衣镜，在镜面刻上"西装专家"字样，以供顾客试样所用，以专家的要求对待自己的产品。顾客试样后提出意见，店家就加以修正，直至顾客满意为止。

在竞争策略上，红帮注重形成自己的特色，不搞千篇一律，将市场定位于个性化、新颖化、独特化的产品领域，采用富有特色的营销手段满足顾客个性化、多样化的需求。在北京和东北等地的红帮，将用户锁定在各国的侨民，根据他们各自的嗜好，精工细作罗宋派、英美派、日本派、犹太派等各种派别的西服，以迎合市场，扩大经营范围。如哈尔滨的陈阿根以"正反面阿根"出名，他做的西服正反面一模一样，都能穿着，可见其裁剪、缝纫、熨烫的水平。

在服务项目上，作为引导中国近现代服装潮流的行业名牌，红帮在服装经营中不断开拓新的服务经营项目。张尚义家族从第二、三代开始走上了这条开拓之路，其他较有规模的红帮商店也无不如此，整体推进，思路开阔，除西服、中山装外，普遍兼营呢绒零售、批发，而且发展迅速；也统制各种礼服、大衣、衬衣，兼营领带、领带夹子、纽扣、羊毛衫、帽子、鞋子、袜子和袜子吊带、手帕、毛巾、阳伞等，从头到脚，从内到外，应有尽有。上海的荣昌祥、裕昌祥、王荣泰等西服名店，适时推出婚礼服出租业务，为新郎新娘提供价廉物美的大礼服、婚纱等全套婚宴服装。天津的红帮开展西服租赁业务，为泊船抛锚后上岸到舞厅娱乐的外国海员提供高档的服装。红帮店号大多设有来料加工或选料定制等方便顾客的服务项目。有的在店堂里陈列各种西装附属用品，包括领带、衬衫等看起来利薄的商品，使顾客在一家店中将所需的东西全部配齐。有的为接纳批量业务，主动派技师上门量体，服装完工后又送货上门。

改革开放以后，宁波新一代红帮传人，在新时代精神的召唤下，在服装经营上，进一步发扬红帮的开拓精神，以品牌多元化、产业集群化、市场国际化为纲要，全方位地开拓着中国服装的发展大道。从加工到联营，到创品牌、提升品牌，再到向创名牌、创服装名城目标迈进，初步形成了以西装、衬衫为龙头，集针织服装、羊毛羊绒服装、童装、皮革服装为一体的产业集群。

(二)新红帮对敢为人先精神的继承和发展

敢为人先，亦即创新，是当代中国社会主流价值观之一。党的十八届五中全会对创新进行了全面论述，提出坚持创新发展，必须把创新摆在国家发展全局的核心位置，不断推进理论创新、制度创新、科技创新、文化创新等各方面创新，让创新贯穿党和国家一切工作，让创新在全社会蔚然成风。

创新不仅对于一个国家、一个民族、一个政党具有极其重要的意义，对于企业、个人，同样是不可或缺的。没有创新，就没有前进的动力，各项事业也就没有成功的希望。历史一再告诫我们，不思进取，不与时俱进，不改革创新，就会被历史淘汰。创新和实践的发展紧密相连。实践发展了，理论也必然要向前发展，思想要从原来的框框中跳出来，走出原有观念的束缚，再用新的思想指导新的实践，在实践中形成新的方法、新的措施和新的途径。新的思想就是理论的创新，而新方法、新措施和新途径就是实践的创新。理论创新和实践创新是辩证统一的关系，理论创新来源于实践创新，实践创新又要受理论创新的指导。一个国家要繁荣，一个民族要强大，不能没有敢为人先的创新精神；一个地区要富足，一家企业要兴旺，也同样不能没有敢为人先的创新精神。

当然，创新并非等于空想，它是建立在对某种特有文化传承的基础上的。或者说任何一种文化都通过传承而延续，通过创新来发展。传承是文化存在的形式，创新是文化进步的灵魂和发展的动力。从历史的角度看，一种文化能长期延续而不至于衰亡和湮灭，其中必有创新的精神贯穿并支撑着。红帮精神便是这样一种因传承而得以延续、因创新而得以发展的文化。

红帮文化源于宁波地区奉化江两岸。宁波地区与纺织服装有着不解之缘，它是中国纺织服装的发祥地之一，河姆渡文化遗址中出土的大量纺纱、编织、缝制工具和编织品可以为证，它同时也是红帮这一裁缝群体诞生的摇篮。19世纪初，在西风渐开、西服东渐中，奉化江两岸的本帮裁缝先后赴日本的横滨、东京，中国的上海、哈尔滨等城市从事服装行业，由原来缝制中装改为缝制西服，以后不断创新，不断发展，不断壮大，成为中国近现代服装史上成就和影响最大的一个服装流派——红帮。

视频：巨型中山装

历史发展到20世纪七八十年代，正值改革开放之时，红帮及其传人以敢为人先的创新精神适时抓住历史机遇，创造了宁波服装业的新辉煌，红帮研究者称这一时期为红帮腾飞时期。在这一时期，宁波地区涌现了雅戈尔、杉杉、罗蒙、培罗成等而今已驰名中外的服装企业。据统计，20世纪末，宁波地区的服装企业已近2000家，到21世纪前10年，宁波地区的服装企业几近3000家。这些服装企业的产生、发展，与红帮有着密切关系：一方面，红帮老前辈对这些服装企业在各方面给予了热情的支持；另一方面，这些服装企业在服饰文化理念、服装制作技术、服装品牌建设、经营管理、教育科研等方面都继承了红帮精神，并在此基础上与时俱进地创新发展红帮精神。这是红帮文化延续至今仍然体现出旺盛的生命力和独特的精神风范的极好注释。

二 精于技艺精神

(一)红帮工艺技术的特点、流程

红帮裁缝在发展进程中形成了西式服装制作的“四功”、“九势”和“十六字诀”,这成为中国西式服装工艺的经典。

1.“四功”

所谓“四功”,即刀功、手功、车功、烫功,是红帮裁缝制作西服所涉及的四种主要功夫。

刀功是指以裁剪技术方法为主的功夫,它包括以下技能:观察人的体形、测量人体基础尺寸、制定成衣规格、选择面辅料、画裁剪图、裁剪。

手功是指运用手针缝纫的功夫,主要有扳、串、甩、锁、钉、撬、扎、打、包、拱、勾、撩、碰、搀等14种手法。

车功是指操作缝纫机的水平,要求熟练、快速、准确,并要达到服装造型所需的平直、圆顺、里外匀的效果。

烫功是指运用熨斗熨烫服装的技能,其手法有推、归、拨、压、吹等,使服装更符合造型美。

2.“九势”

所谓“九势”,即胁势、胖势、窝势、凹势、翘势、剩势、圆势、弯势、戤势,是红帮裁缝对成衣的塑“型”与造“势”,多指刀工中的裁剪技巧方法。

胁势是指西服袖窿以下部位的造型与人体肋部走势一致,避免前后衣片拼合的分割线出现斜向的皱纹。

胖势是指西服对应人体腹、臀部位,应做出与人体相吻合的饱满凸势,避免服装的相应部位死板没有“胖度”,致使人体腹、臀部位产生指向凸面中心的皱纹。

窝势是指服装领子、驳头、袋盖、衣襟角等部位的成型之势,避免这些部位向外翻翘。

凹势是指服装围绕腰位(相对于上方的胸凸和下方的臀凸)的收腰造型,也称吸势,特别要求成衣的后腰部位呈现明显的收腰造型之势,避免衣片面料余量堆积。

翘势是指西服肩部、后腰下臀部的凸翘之势,避免肩部的衣片压肩和后腰下臀部衣片紧裹臀部。

剩势是指服装侧摆部位的张开造型,或腋下侧后的活动余量,前者满足吸腰放摆的造型效果,后者满足手臂活动的功能性要求。

圆势是指服装成型的圆润饱满之势,避免男女服装的袖山头和女子服装的胸部造型塌陷不圆。

弯势是指服装上衣的袖管、下装的裤管分别顺手臂、下肢的弯曲造型,避免成型的袖管和裤管反拐或扭曲。

戤势是指西服的塑形上相依合的两面或多个层面相互融洽依靠,避免相关部位不依不随,形态脱离。

3.“十六字诀”

所谓“十六字诀”,即平、服、顺、直、圆、登、挺、满、薄、松、匀、软、活、轻、窝、戤,是红帮裁缝对每件成衣的工艺技术效果标准。

平是指成衣的面、里、衬平坦、不倾斜，门襟、背衩不搅不豁、无起伏。

服是指成衣不但符合人体的尺寸大小，而且各部位凹凸曲线与人体凹凸线相一致，俗称服帖。

顺是指成衣缝子、各部位的线条均与人的体型线条相吻合。

直是指成衣的各种直线挺直、无弯曲。

圆是指成衣的各部位连接线条都构成平滑圆弧。

登是指成衣穿在身上后各部位的横线条（如胸围线、腰围线）均与地面平行。

挺是指成衣的各部位挺括。

满是指成衣的前胸部丰满。

薄是指成衣的止口、驳头等部位做得薄，给人以飘逸、舒适的感觉。

松是指成衣宽松，不拉紧、不呆板，给人一种活泼感。

匀是指成衣面、里、衬统一均匀。

软是指成衣的衬头挺而不硬，有柔软之感。

活是指成衣形成的各方面线条和曲线灵活、活络，不给人以呆滞的感觉。

轻是指成衣的重量轻，穿着感到轻松。

窝是指成衣各部位，如止口、领头、袋盖、背衩等都有窝势。

戤是指成衣相叠合的两面或多个层面相互融洽依靠。

4. 传统工艺流程

红帮裁缝讲究度身定制西服，先量体，选择面料，然后画样制图、裁剪、缝纫、扎壳。先出毛壳，请顾客试穿，成为光壳后，再次试穿。有的需试样三四次，试一次，修改一次，边试边改，直到顾客满意为止。最后进入整烫、锁眼、钉扣环节。制作西服从衣片上打线钉标志算起，到成衣，整个工序多达130余道。这些工序中的缝纫，除直向缝合用缝纫机外，其余都得用手工缝制。红帮裁缝还善于对身体有缺陷的顾客，如斜肩、驼背、将军肚、体瘦等，采取各种缝纫方法，使之穿上西服后能掩盖缺陷。红帮裁缝在缝制时善用针箍是技术上的又一个成功之处。他们把针箍套在中指的中间一节，运用时手腕、手指用力，肩膀不动，拉起线来平直、均匀，显示了极为高超的手工技艺。

视频：红帮裁缝——荣昌祥

（二）红帮裁剪方法与缝纫方法的发展

红帮工艺技术的传承主要落在“裁缝”（裁剪方法和缝纫方法）上，而红帮裁剪方法又是红帮裁缝为之付出毕生心血潜心研究的核心。红帮裁剪方法的演变历程，尤其是不同时期西式服装款式相关部位结构方法的传承演变，无不显示了红帮精于技艺的精神。

1. 模仿制作西服时期

19世纪初，宁波孙张漕村的青年裁缝张尚义，由于裁缝活计不能维持基本生活，就在渔船上帮厨烧火。一次出海，渔船遭遇风暴翻沉，张尚义抱着一块木板逃生，漂泊到横滨海域被水兵救起。流落他乡身无分文的张尚义寄居码头，凭借原有的一手针线活帮水手修补旧衣过活。一段时期后，张尚义发现横滨屈指可数的西装制作店生意繁忙，便滋生了模仿制作西装的念头。于是，张尚义就利用修补西装的机会，拆开衣服，将西式服装各个部位式样拓印在纸上，剪下纸样试缝。他经过无数次模仿试制，最终掌握了西装的裁剪制作。此后，张尚义从一个寄居在码头的难民，慢慢变成了自主创业的裁缝老板，并将老家的子弟陆续带到日本，仿制西服。

2. 西式裁法的借鉴引用时期

自张尚义在横滨创业之后，宁波裁缝制作西服的规模日渐扩大，后来移师上海，以上海为发祥地将红帮裁法向国内外传播。顾天云幼年去上海拜师学裁缝，并逐渐掌握了红帮裁法，满师后认为所学西服裁法流于死板，不易变通，便东渡扶桑学习西服工艺。在日本开店经营的同时，他又屡次赴欧洲多个国家，遍搜服装图册，列访裁缝名师，最终完成了我国第一部西服专著《西服裁剪指南》。

顾天云的裁剪方法是在20世纪30年代由国外引进而来，与同时代英国西服的裁缝方法相似，裁剪图的原理是根据人体纵横比例关系，以人体净胸围量的一半为参照系数，确定其他部位的距离。以净胸围量为参照的数据既可运用计算公式算出，也可通过绘图工具比例尺所得，在比例三角尺上可以直接找出半胸围量的各种比例对应数字。虽然顾天云的裁剪绘图方法完全按照西方人的绘图习惯，而且在领子的绘制和腰省、肩线的设计上存在一些不合理的地方，但它却具有里程碑的意义，是中国人第一次全面、系统地从国外引进的西服先进裁剪技术，为后人进一步研究奠定了坚实的理论基础。随后涉及西服裁法的著作还有两本，一是卜珍编著的《裁剪大全》，二是蒋乃镛编著的《男女洋服裁剪法》。

3. 中西裁法的融合创新时期

随着以顾天云为代表的西服裁法相继成书出版发行，同时以我国上海为中心的西式服装学校的创办，中西服装裁法加速融合。20世纪50年代初，中西裁法在我国的融合进入了崭新的时期。

20世纪70年代，戴永甫研究出了D式裁剪法，并编写成出书版。从这个时期开始，中西裁法可谓是经过融合后进入了创新的时期。戴永甫书中的结构与顾天云《西服裁剪指南》中的结构相比，发生了根本性的改变。特别是在袖系方面，戴永甫以净体测量胸围数据为基数，发现了袖系体表展开的结构关系，实现了D值在袖窿与袖子变化中的关联一致性。

与顾天云的裁剪图相比，D式裁剪法从整体绘图思路到细节结构处理都已完全中国化，并且其结构造型也是根据中国人的形体特点、审美观念而设计的，体现了红帮裁缝对人的外在形体、内在观念与服装之间的关系的理解与把握。由一系列以人体测量数据为依据得出的袖窿计算公式可知，D式裁剪法具有较强的科学理论性，这说明红帮裁缝以科学、理性的态度研究西服裁剪方法已经进入一个较为深入的层次。红帮前辈的科学研究精神及技术成果还培育了许多服装技术新人，他们从中汲取营养，发展创新，为服装技术的发展做出了贡献。

衣型发明人王益正的衣型柱面造型体系特征明显，自成一家。他在研究红帮名师戴永甫D式裁剪法10多年的基础上，受中国象棋的棋盘单位格度启发，运用中国传统文化的阴阳平衡学说，整理出格度衣型，将服装造型的不同风格用拟设标准加以概括，将扑朔迷离的纸样造型关系用坐标格度的一体柱面加以量化，集合人体成衣衣片共性为衣型。衣型柱面造型体系不但解决了服装结构中配袖、配领及制板放码的难题，而且在服装从立体向平面转换的过程中易于达到从整体到局部的结构平衡；在教学与应用中，摆脱了繁复的经验公式计算，符合大脑记忆规律，以较强的理论性与可操作性有效地将服装的样板结构、设计造型、工艺制作三个层面融为一体，为学生深刻理解、实现服装立体塑型与平面结构的相互转化提供了教学捷径。随着开发推广的深入，衣型柱面造型体系裁剪技术在服装教育、生产运用及科学研究应用等领域显示出其独特的优越性。

江继明以D式裁剪法的服装板型为基础，把服装胸围宽、腰围宽、摆围宽、肩宽、胸背宽、袖隆深、领口大小等常量尺寸归纳处理在一定范围内可调节的工具模板上，用衣片工具模板基本满足款式相对单一的日常服装裁剪所需的不同大小规格的裁剪，较好地实现了零裁单做时代的快速要求。当时，此项快速服装放样板新型专利得到了较好的推广和运用。江继明的折纸裁剪法则是他在D式裁剪法的基础上借助王益正的衣型格度关系而进行的一种创新探索。他利用线段或直角对折出等份格度，将半胸围尺寸三次对折，以折出的7条折痕作为绘图参照线，再对折痕线进行适量移位调节以满足服装所需规格要求。

以上各种努力及成果，体现了红帮裁缝力求科学研究的基本原则及对裁剪方法的趣味性、便捷性、简易性的大胆探索，反映了不同时期红帮裁缝的科学态度和技术发展历程。

从顾天云对西式裁法的借鉴引用，到戴永甫对中西裁法的融合创新，再到当代服装技术新人对前辈成果的继承发展，为了使我国服装裁剪技术向着方法科学、用法简便、体系完善的方向发展，红帮人经历了近百年的传承与探索。如今，我们也没有理由墨守成规，停滞不前，应发扬红帮先辈勤于实践、勇于创新的精神，以先进的“式公型定”（公式通用、基型稳定）理念和科学的“袖系体表展开结构关系”理论为基础，深入研究，实现服装结构体系的全面创新。

4. 缝纫方法的与时俱进

红帮裁缝是从本帮裁缝转变而来的，其缝纫方法也与时俱进。

本帮裁缝主要是以手缝针为主，缝纫效率低、牢固度差。在20世纪30年代后期，随着缝纫机的出现，红帮裁缝逐渐使用脚踏缝纫机进行缝纫。20世纪50年代后，我国缝纫设备有了长足的发展，国家制定了缝纫机通用化的标准，高效率、多用途的缝纫设备（包括熨烫等其他设备）相继问世，与此同时，服装缝纫方法的复杂程度与难度也相应增加，加之新型面料辅料的丰富多样性，红帮裁缝在时代变革中探索创新，与时俱进地设计新工艺技术方法，使红帮技艺闻名天下。

（三）红帮工艺技术的传承

红帮工艺技术的传承方式主要有两种，一是师徒相传，二是职教办班。

早期，红帮工艺技术的传承主要是以师徒相传的方式，分学店堂和学工场两种。学店堂的主要在门市接客，学习门市接货、发货、裁剪画样等相关裁剪经营事项。学工场的主要在工场学习缝纫、熨烫、整理，一般情况下，先学手功、车功、烫功，一至二年以后再学刀工。下面主要讲学工场的。

红帮学徒拜师要有荐头人，荐头人一般是业主或师傅的亲友、同乡，也是学徒的学徒期担保人。进店之前，要签订拜师协议。进师之日和满师之时，必须宴请送礼。出师后，有的要帮师一年甚至多年。离师以后有的自立门户开店营业,有的由本号师傅引荐到他号就业。

入门后,师傅安排的学习内容似乎与裁缝行业无关,如扫地、打水、煮饭等打杂事务。三五月后,在不误打杂的前提下,师傅才开始教徒弟做简单的手缝活,如锁扣眼、钉扣子、撩衣裤脚边等手工。一段时期以后,学熨烫零部件,逐步再学熨烫整件衣服。如果徒弟在这个过程中表现尚好,师傅会慢慢教徒弟学手缝或上缝纫机学车缝,反之,也许就失去了学艺的机会。红帮学徒的热水里捞针、牛皮上拔针等学艺手段,为以后红帮裁缝高超技艺的形成提供了保证。

一般徒弟掌握工场的手功、车功、烫功等缝制基本技术后,师傅就会安排徒弟抽出些时间学习店堂事项,开始主要是帮师傅记录顾客的尺寸及要求,逐渐学习简单款式如裤头、裤子的裁剪(在面料上直接制图),慢慢地再学上衣的裁剪,就这样逐步掌握集量、算、裁、缝于一身的红帮技艺。

师徒相传的方式,是红帮技术传承的传统方式,由于相对封闭保守,红帮技术的传承和发展受到制约。20世纪40年代以后,红帮进入快速发展时期,裁缝业务大增,裁缝人才出现短缺,师徒相传的方式已不能满足当时西式服装生产的人才需求。为此,红帮先后举办了夜校、裁剪班、裁剪学院、工艺职业学校等,以改革工艺技术的传承方式。

20世纪50年代前期,红帮裁缝在传承红帮工艺技术的方式上实现了由师徒相传方式向职教办班方式的转变,并初具规模。20世纪50年代后期,红帮裁缝在上海以职教办班方式传承红帮工艺技术,形成了服装技术业余学校。特别是以戴永甫为代表的红帮人,研究编写适合我国国情的裁剪书籍,一方面满足学校教学所用,另一方面向国内发行,以更广泛的方式传承红帮工艺技术。

音频:红帮故事

三 诚信重诺精神

(一)红帮诚信重诺精神概述

诚信,是宁波地域文化中的优良传统之一。自北宋庆历五先生倡导教育和学术以来,诚信就为历代浙东学者所津津乐道,但议论显得玄虚、高妙。明代浙东学派的领军人物王阳明用“致良知”三个字把诚信的道理通俗化了。按王阳明的理解,格物致知、诚意正心,就是一个致良知的问题:“随时就事上致其良知,便是格物;著实去致良知,便是诚意;著实致其良知而无一毫意必固我,便是正心。”黄宗羲说得更为直截了当:“诚则是人,伪则是禽兽。”朱舜水也说得分明:“修身处世,一诚之外更无余事。”

按现在比较公认的看法,宁波商人之所以成功者多,主要因素大致源于“七靠”:一靠诚信;二靠义利兼顾;三靠敢为天下先;四靠中西结合的先进管理;五靠融合劳资关系;六靠吃得苦中苦的勤俭;七靠“帮”字当头的共济。也就是说,宁波商人早就意识到诚信立业的重要性,知道商业道德具有实际的利益基础,不但于人有利而且于己有益,所以他们视信誉重于效益,诚信是他们最为看重的品格。诚如世界船王包玉刚所言:“在商业道德这上头，还是老传统好。要有信誉，要有信用才行，这里面关系很大。”红帮裁缝便为诚信立业树立了典范，红帮人宁可拒绝十次绝不食言一次，宁可赔本道歉也绝不让一件次劣商品出门，始终以诚信作为立业之本。

2005年3月，宁波市委十届四次全会通过了《中共宁波市委关于推进文化大市建设加快社会事业发展的决定》，把宁波精神提炼为“诚信、务实、开放、创新”八个字。宁波市委把“诚信”列为宁波精神之首，既符合历史事实，体现了浙东学术文化和宁波商贸文化的独特内涵，又切中当前症结，更有利于今后的发展，十分妥帖。事实上，无论是完善市场经济体制，还是构建和谐社会，实现全面小康，都离不开诚信。诚信等于生存，等于效益，等于前途，等于城市品格！唯有诚信，才是立人、立业、立国之本。

红帮裁缝，作为宁波精神的传承者与实践者，本着“宁可做蚀、弗可做绝”“信誉招千金”“浇树浇根、交人交心”的信仰法则，为信用宁波建设做出了独特贡献。宁波精神是宁波人民群众在物质财富和精神财富的创造活动中，在改造客观世界同时改造主观世界的历史长河中，逐步形成的，绝不是凭空想出来的。宁波之所以在人多地少、资源缺乏、交通落后、基础薄弱的条件下创造出现代化建设的辉煌业绩，深层原因就在于深厚的文化底蕴及受这种文化熏陶逐渐铸就形成的诚信、务实、开放、创新的宁波精神。这些文化成果，是我们今天建设文化大市的宝贵资源。宁波精神的形成，凝聚了包括红帮裁缝在内的全体宁波人的智慧，折射了世代宁波人的艰辛努力。具体到红帮人的身体力行，他们的诚信精神大致可概括为“三坚持”，即“坚持诚信创造品牌、坚持诚信效忠民族、坚持诚信担当责任”。

（二）坚持诚信创造品牌的精神

众所周知，品牌是现代企业的生命，而诚信就是品牌得以确立的核心所在。诚信为本，一直是红帮人的精神底线。正是凭着诚信重诺的精神，老红帮历经风雨开创了自己的品牌经营之道，新红帮打造了雅戈尔、杉杉、罗蒙等一批名牌产品，享誉全国乃至世界。

1. 从传统到现代：技艺取胜创品牌

品牌是靠信誉和品质打造出来的，光有信誉而没有优良的品质就犹如无根之木，其生命是不会久长的，而优良的品质又有赖于高超的技艺。翻开红帮的历史，恪守诚信，注重产品质量和品牌声誉，以技艺取胜创品牌正是红帮裁缝的优良传统。

红帮传人江继明回忆说：“红帮裁缝除了有创新精神，还非常讲究诚信。以前我们给外国船员做西装，经常是他们付了定金就离港了，到了第二年靠港的时候我们再把做好的西装送到船上去，那些船员对我们都非常信任。”的确，那时候红帮裁缝就有很强的品牌意识，他们深知牌子是靠信誉和品质创造出来的，因此对诚信和质量十分看重。质量第一，顾客至上，这是他们在创业过程中始终信守的诺言。为了提高西服质量，创出属于自己的品牌，他们中的许多人甚至高薪聘请技术顾问，监督整个工艺流程。

当年被称为沪上“西服王子”的培罗蒙，就挖来西装业的“四大名师”坐镇，选用上等面料，缝制过程不求快、唯求精。培罗蒙在品牌创造上，更有一套自己的做法。当年，在上海的红帮裁缝虽然做的是西服，但自己平时穿的仍然是中式长衫。培罗蒙的老板许达昌则颇有些“另类”，他常年西装革履，走到哪里就把自家的广告做到哪里。他了解到当时去看电影的都是时尚人士，于是率先在大光明电影院做起了片头广告。培罗蒙的店堂就在大光明电影院附近，每到周六夜场电影散场时，许达昌一定会把店中的所有电灯都点亮。看完电影的人们路过培罗蒙，看到灯火通明的店堂内许达昌“秀”着精湛的剪裁技巧，再看看陈列在橱窗里的新款服装，往往被吸引到店中。培罗蒙的品牌就这样在沪上响亮起来。

为了严把质量关，荣昌祥创立了一套严格的管理制度。当时各西装店都有学徒，荣昌祥的学徒进来后，一律先到工场实习，打好基础之后，根据各个学徒不同的性格特点，一部分留在工场学习西装缝制技艺，另一部分则分配到店堂学习量、算、裁、试，以备将来留作营业员之用。所有的学徒除了学习各自的专业知识，在店堂打烊后，还必须学习国文、英语、珠算、会计等课程，以提高学徒个人素质，跟上时代发展。据说，当年的荣昌祥可谓是裁缝界的“黄埔军校”，从其间出去自立门户的有20余人。荣昌祥以其独特的管理和培养人才的模式，确保了西装的质量，真正成为上海滩的金字招牌。

20世纪末，活跃在宁波的新红帮人继承了老红帮诚信重诺的精神，坚持品质第一，争创服装名牌。当然，名牌不是自封的，也不是凭一时轰动效应造就的，而是经过市场千锤百炼和优胜劣汰后逐渐形成的。要打造名牌，首先必须拥有过硬的产品质量，得到消费者的认可。以雅戈尔为例，集团上下视质量为雅戈尔的生命线。他们参照国外制衣业和国内行业部门的质量管理标准与细则，制定了一整套严密的质量管理体系和标准化管理制度。譬如一件小小的衬衫，在流水线上要做72道工序，每道工序都要坚持4~12条细则要求，从领头、口袋、袖子、扣眼到门襟、里襟，其左右对称皆限定在1~2毫米之内。雅戈尔的西服质量细则更是紧跟世界潮流，与国际接轨，全部达到或超过国际标准。1997年，雅戈尔衬衫、西服双双通过ISO9002质量体系认证。再比如罗蒙的始创者盛军海，创业的第一件事就是聘请红帮高级名师担任技术顾问，让其手把手传授红帮裁缝的绝技，严把质量关。1994年罗蒙西服便以质量分第一、总分第二的佳绩摘取了首届中国十大名牌西服的桂冠，名正言顺地跨入中国最高级别西服的行列，开始了以品牌打天下的历程。

2. 红帮的活化石：一针一线绣品牌

培罗成堪称红帮活化石。无论是事业初创阶段还是事业发展阶段，培罗成始终秉承红帮诚信重诺的精神，坚持质量第一、顾客至上，一针一线绣品牌。

20世纪80年代是培罗成起步的阶段，创始者史利英不辞艰辛、怀着满腔诚意去上海培罗蒙西服公司聘请当时可以称为红帮裁缝代言人的陆成法担任技术顾问，以保证产品质量。

培罗成集团技术总监和首席设计师胡美玲也是陆成法的传人，她介绍说：“现在我们作为红帮传人，站在前人起点上，有了更高的要求和目标，通过新技术、新设备的广泛应用超越前人。比如，西服的口袋盖，过去的生产方法是依照样板做出形状，用一般的缝纫机缝制。现在我们用专门的袋盖生产机一次成型生产，外观平整，大小划一，长年使用也不会变形，生产效率快了很多。再比如，一套西服在上衣和裤子上要有多处开袋口，过去都靠手工，速度慢，质量也不高，容易出现次品。现在，我们采用德国进口的红外线开袋机，非常准确方便，不会出现次品。我们已经找到一条通过高新技术改造传统工艺的道路，并积累一些嫁接传统工艺的经验。”“采用新技术不等于丢掉了传统”，胡美玲解释，“虽然我们现在采用了自动化机械设备生产西服，与过去的一把尺子和一把剪刀的手工方式截然不同，但正是陆成法师傅通过言传身教，让培罗成流着红帮人的血液，使培罗成具有不可复制的鲜明特色，很多的经营手法在今天仍具有红帮人的烙印。"譬如在职业装的制作上，培罗成采用了需求咨询、度身设计、样衣展示、量身定制等种种传统工艺与现代技术相结合的生产模式，用做名牌西服的做法来生产职业装，使培罗成成为中国职业装市场的先驱。

（三）坚持诚信效忠民族的精神

民族精神是民族文化的核心与灵魂。简言之，民族精神就是个人对本民族、国家应尽的一种责任或义务，它至少应当包括5种普遍的价值：自豪感、荣誉感、忠诚、爱和勇气。红帮作为诞生于清末民初的一个裁缝群体，时代背景就决定了红帮人必须参与到救国救民的革命行动中，尽到一份爱国爱民的义务。新中国成立后，为实现中华民族的伟大复兴，红帮人同样以自己的方式积极行动着。我们有理由相信，红帮人不仅过去做到了，而且还将会伴随着社会发展把这种民族使命感一直传承下去。以下几个例证，就是红帮人在不同历史时期为民族兴盛而鞠躬尽瘁的典型缩影。

1. 王才运家族——尽忠报国的革命先驱

红帮裁缝中，以王才运为代表的王氏家族赫赫有名。王才运为人机灵，有股钻劲，改行随父学裁缝专做西服后很快脱颖而出，不仅技术高人一筹，而且还积累了第一桶金，之后创办了荣昌祥西服店。王才运很有商业头脑，到1916年，荣昌祥已经成为当时上海最著名最完备的呢绒、西服及西服配套产品的大型专业作坊和商店。1919年，王才运凭借自己崇高的信誉和荣昌祥的品牌，被公推为上海南京路商界联合会会长和上海各马路商界联合总会副会长，并担任奉化旅沪同乡会董事。当时，中国正处于北洋军阀统治的黑暗时期，国家命运岌岌可危。五四运动爆发后，王才运积极投身到这一挽救民族危亡的革命运动中，领导南京路的商界参加罢市斗争，竭力主张抵制日货。

1926年春，王才运为实现"不买不卖洋货"的誓言，决定弃商归故里，把荣昌祥交给了王宏卿经营。显然，王才运这种以救国救民、改造社会为己任的行动实践，充分展现出了红帮人特有的爱国情怀和民族精神。受王才运言传身教的影响，荣昌祥的接任者王宏卿在抗日战争期间毅然决定参与组织生产军服及军需用品以支援抗战，并会同亨达钟表行经理莫高明、侯国华等人，于1937年在武汉创办了抗战军用专业工厂华商被服厂，专门生产前线军需用品。在抗战中，华商被服厂成了日军轰炸的重要目标，王宏卿的二弟也因坚守仓库不幸被炸死。

王氏家族不惧艰险、出生入死的爱国报国行为，将红帮人的精神品质彰显无遗。红帮先辈们在那个特殊的年代，为挽救民族危亡、保卫国土而奉献身躯的伟大风范，值得后人学习发扬。

2. 罗蒙集团——用民族精神筑起服装王国

中国男士究竟需要一种什么样的经典时尚呢？当一些企业打着各种各样的洋名称，对自己进行洋包装以示品牌国际化时，罗蒙却认为，真正的国际品牌首先要有民族性，树立民族的品牌形象，这样品牌的附加值就不只是量的增长，而是品牌精神文化的提升。为此，罗蒙聘请热心社会公益活动的影星濮存昕作为企业品牌形象大使。此外，罗蒙集团在自身发展的同时也不忘回馈社会，以"美化生活、贡献社会"为宗旨，先后为贵州丹寨民族中学和本地十余所中小学建造教学楼和增添设备，同时增设大学生"爱心助才"工程及西藏大学助学基金。公司在教育、扶贫济困、改善交通、新农村建设、社会慈善事业等方面累计捐赠款达1亿人民币，弘扬了良好的社会主义道德风尚，展现了罗蒙人的无私奉献情怀和民族精神。

对于工艺改进，罗蒙牢记东方艺术的真正灵魂，不盲目仿效日本西服，不一味膜拜欧式板型，在中西贯通、精工细作中兢兢业业传播中国服装的独特文化情结和文化理念。当许多厂商大力扩展加工能力时，罗蒙在细分市场中找到灵感：新时期的新概念是高功能的舒适与自然，高品位的环保意识，自然与人工的平衡。企业组织力量加快科技研究成果向服饰领域的转化，率先研制出绿色时尚产品——无粘合衬西服。这种抛弃化学合成的粘合衬，在制作技术上吸收红帮传统工艺精华，借助现代技术和电脑精工细作的西服新品种，实现了西服制作史上的一场革命。这种环保西服被法国科技质量监督评价委员会推荐为高质量科技产品，并被列为向欧洲市场推荐产品。罗蒙走向了国际，为国家、为民族树立了良好的形象。

3. 戴祖贻——心系乡民的旅日红帮大师

服装界的行内人皆知，如今的罗蒙、培罗成、培蒙、培罗达等品牌，都与培罗蒙有一定的关系。从培罗蒙衍生出来如此多品牌，与培罗蒙仅一字之差，大概就是期许与培罗蒙“沾亲带故”，从而为本品牌增光添彩，共享名牌效应。

培罗蒙的创始人许达昌生于1895年2月，籍贯定海县。家中兄弟10人，许达昌排行第6。20世纪初，许达昌到上海南京路王顺昌西服店学艺，约30岁时，他接下南京路西藏路口新世界附近街面房，开设许达昌西服店。1932至1933年间，西服店搬迁至静安寺路（今南京西路）735号，改店号为“培罗蒙”。培罗蒙之名蕴含西洋色彩，吻合风气渐开的时势，加以精工细作的西服，从此走上了名牌之路，许达昌也逐渐名闻上海滩。

1934年6月24日，培罗蒙店堂来了两个宁波人，一个是年纪十来岁名叫戴祖贻的男孩，另一个年长的是他的舅舅。舅舅领着戴祖贻到培罗蒙当学徒，让他恭恭敬敬地拜许达昌为师傅。戴祖贻是培罗蒙的第一个学徒，当时店堂只有绍兴来的沈先生和他两个帮手，从早到晚十分忙碌。他时时处处留心许达昌的裁缝诀窍，不懂就问，学了就做，废寝忘食，直到弄懂为止。强烈的求知欲望，使他很快掌握了西服缝制技艺。1948年，许达昌带着几位红帮师傅到了香港，先在遮打道的思豪酒店开设培罗蒙，又到雪厂街太子行发展。这时顾客中不仅有外国人，还有许多内地来到香港的老主顾，由于香港物价低于欧美，西服生意火热。翌年12月，戴祖贻取道澳门来到香港，协助许达昌经营香港培罗蒙。当时，培罗蒙已成为世界五大西服店之一。

1950年初，许达昌又将业务拓展到日本，在东京千代田区富国大厦设立店面。后因他糖尿病日益严重，当时在日本医治困难，而富国大厦租用的店面又发生问题，于是唤戴祖贻去日本接替工作。1951年7月，戴祖贻由香港搭乘太原轮去日本，几经辗转，于8月初在横滨上岸。经过几年的开店和打造，培罗蒙的名牌效应和戴祖贻的出众技艺在东京的影响力与日俱增。

1967年，许达昌将名义上归他所有的日本培罗蒙资产全部转让给戴祖贻。戴祖贻没有辜负业师的期望，百尺竿头，更进一步。1970年，东京帝国饭店重新开业，戴祖贻再次抓住机遇，谋划发展。他仔细分析，东京帝国饭店是日本的顶级饭店，餐饮、住宿档次很高，莅临帝国饭店的宾客都是日本的皇族及政要名流，还有很多外国客人，包括各国驻日大使馆的外交人员，他们的行装都是清一色的高级西装，如果能在这里开店一定生意很好。他通过各种关系“挤进”帝国饭店大门，开了店铺。“高级”客人的光顾对培罗蒙的生意起到了推动和促进作用。

1996年底，77岁的戴祖贻正式退休。照理说，戴祖贻事业成功，声名卓著，完全可以轻轻松松地和儿孙一起享受天伦之乐，过优越安逸的生活。然而，他的人生哲学却不是这样。他对自己的故乡——现宁波市北仑区霞浦街道戴家村，魂牵梦萦，近些年来他多次重返故乡，慷慨解囊，造福桑梓。他出资铺筑村口300多米长的水泥路，路旁遍植花木，在村中河漕两旁修筑石勘，建立村老年协会，修复祖堂、祠堂。每次来时，他总忘不了为乡亲们送上崭新的针织衣服和一沓沓现金，对邻近的大胡水俞村（其阿姨老家）也一视同仁，送衣送钱送毛毯，照顾老弱，接济病残。他在家乡的山坡上为父母和岳父母、亡妻修了墓地，带着他的所有儿孙跨洋越海前来祭奠扫墓，叫他们永远怀念老家的山山水水。为庆贺其阿姨的90岁寿诞，他设宴招待两村的亲属。当阿姨执意要将房子送给戴祖贻时，戴祖贻便将房子捐赠给水俞村，作为村老年活动室。同时，他又嘱咐其做服装及日用品生意的儿子、侄子，在上海、苏州、宁波等地投资，扶植地方服装业，既增加就业机会，又赚取外汇，促进国家建设。这些济世为怀、轻财重义的善举，都深刻反映了红帮人的磊落胸怀和高尚情操，其民族精神值得当代大学生好好学习。

视频：红帮老人戴祖贻访谈录——戴祖贻先生的诚信观

（四）坚持诚信担当责任的精神

生产利润还是生产幸福？这是一个当下的社会热点，即企业与企业家的社会责任问题。尽管有些经济学家呼吁，眼下不是民企奢谈企业责任的时候，社会也不应该把责任一股脑儿地推给企业，因为在经典的社会经济制度里企业的最大使命就是利润，唯有利润才是衡量企业的唯一标准，但依然有很多企业自觉履行社会责任。一大批中国企业树立了社会责任理念，建立了社会责任管理体系，开展了优秀的社会责任实践，提升了社会责任绩效。公益慈善、绿色环保、精准扶贫……诸多领域留下了中国企业履行社会责任的一行行坚实脚印。而在坚持诚信担当责任方面，红帮代表王廉方、史利英等不愧为经典的实践者。

1. 王廉方——一生慷慨济助公益事业

王廉方创办的裕昌祥是当年上海南京路上6家西服名店（荣昌祥、王兴昌、王荣泰、王顺泰、裕昌祥、汇利）之一。这6家西服店的店主均来自奉化王溆浦村，上海人称之为“南六户”。裕昌祥与荣昌祥隔路相望，其规模虽略小于荣昌祥，但却有其自己的经营特色。王廉方是当时很有名望的爱国商人，在他的一生中，将不少精力放在了社会公益活动上，爱国爱乡，热心慈善事业，急公好义，德高望重，在沪奉两地留下了浓墨重彩的篇章。

1921年元月，上海公共租界的华人组织纳税华人会函告租界的行政机关工部局，推选5名华董作为顾问进入工部局就职，以争市民权，体现爱国心。经过半年交涉，事情进展缓慢，西方列强推三阻四，企图取消纳税华人会章程中的某些条款。以王才运为首的南京路商界联合会团结民众，奋勉催进。王廉方褒贬是非，爱憎分明，挺身而出，大声疾呼，在几次会上慷慨陈词，就华董顾问就职问题列论是非曲直，义正词严，痛斥帝国主义，表现了强烈的爱国热情和大无畏的斗争精神。

1937年11月,上海沦陷,上海公共租界和法租界成了"孤岛",日寇派飞机疯狂轰炸闸北、南市区,大批难民流离失所,有的死里逃生到租界避难。王廉方与热心人士一起举办难民收容所进行救济。之后他又为抗日的十九路军办伤兵医院,几次冒着呼啸的子弹抢救受伤战士,支援衣物食品,鼓励部队抗日。

王廉方羁旅思乡,始终关心奉化的社会公益事业,热情扶持慈善事业。在担任奉化旅沪同乡会会长时,他扶贫济困、乐善好施,还投资鄞奉汽车股份公司,促进家乡交通运输业的发展。1926年4月,奉化在育婴堂基础上创办孤儿院,救助县内困苦颠连的孤儿,教育引导他们以学自立,增进才智。但因民生凋敝,加之盗贼四起,孤儿院面临重重困难。王廉方闻讯带头认捐,一次捐赠310元,后从1930年起每年资助60元。孤儿院以"忠恕勤俭"为院训,开展勤工俭学,培育了一批又一批孤儿成人自立。同时,他还捐款捐田资助家乡的溆浦学堂。

王廉方曾两次出任上海市西服业同业公会的理事长,任期内信守"独木不成林,店多就成市"的古训,经常出入公会,对公会下设的西服组、海员服装组、调查科、财务科、总务科和同业福利会、劳资协调会做具体指导,上承下达,任劳任怨。他经常抱病工作,四处奔波,为维护同业的福利和开拓业务做出了贡献。他卸任公会理事长后,依然兢兢业业,关心和支持公会的重大事务。在王宏卿等创办上海市西服业工艺职业学校时,他积极捐款以作建校基金,后来得知学校经费紧张购置设备困难,他还出面与南京路上的几家大公司协商,恳请他们慷慨资助。

2. 史利英——视社会责任为己任

当培罗成面临现代所有企业都举棋难定的困境——要"生产利润"还是"生产幸福"时,史利英母子果断地以实际行动来消解了问题的症结,将企业打造成一个小社会:为职工建造住宅;办起了职工幼儿园;企业逢五逢十的周年庆给老员工发放丰厚奖励;职工只要求助于史利英,事无巨细,她都像个工会主席一样给予解决。据闻史利英的口号是"员工有困难,就是企业立功的时候",并且经常说"办企业的人,要牢记是员工创造了这个企业"。尽管这种现象在宁波帮的企业里并非个别,但培罗成却是特别典型的一个。在这样母亲般关照下工作的员工,难道会不感到幸福吗?史利英常说:"感恩社会、回报社会是我一辈子的责任""作为管理层,要关心的不是某个员工一个人,而必须是与他(她)息息相关的2~3个家人"。

成功后的史利英,从未忘记"奉献于社会,造福于人民,回报于社会",她还把这三句话题写在了《史利英传奇人生》一书上。有学者认为,史利英是"经典组织责任的非典型履行"。的确,史利英率领下的培罗成对组织责任的承担方式很经典,同时又有其非典型性,很具特色,和培罗成的红帮传人形象相互彰显,体现了红帮人的优秀特质。

培罗成曾经获得2006年度宁波市社会主义事业优秀建设者,上榜2004、2005年度福布斯慈善榜等荣誉,但最为人称道的还是它为履行社会责任所做的大量贡献。浙江各级政府官方网站和浙江在线、宁波日报等媒体发布的数据和事例显示:1998年,集团捐资50万元,在贵州晴隆县兴建培罗成希望小学,同时捐款160多万元慰问长江特大洪水的灾民;向宁波市团委的"大学生助学计划"提供50万元基金;2002年起向宋庆龄基金会捐款,累计超过600万元,用于青少年儿童文化教育科技事业和贫困地区教育事业;2004年,向中国青年服装时尚周资助50万元;2005年,为帮助当地青年创业发展,以发起人的身份无偿提供资金和场所,与宁波市鄞州区团委开办宁波市鄞州区青年创业协会和青年创业中心,并出任副会长;在获悉著名文学家冯骥才先生在为民间文化的抢救挖掘奋力奔波时,一次性捐资150万元发起成立冯骥才民间文化基金会;出资赞助并参与红帮文化研究;2007年,在江西九江市彭泽县建成培罗成鄞青希望小学……2009年,史利英向鄞州区慈善总会捐资1000万元,建立"史利英助学奖学基金",用于资助鄞州区贫困学子完成学业及奖励优秀学生,是目前鄞州区最大一笔个人捐赠并冠名的慈善助学基金。此外,史利英还在区女企业家联谊会发起成立母亲爱心扶贫基金,自己率先捐款100万元。她还是宁波女企业家123圆梦基金的积极倡导者和推动者,第一时间带头认捐了70万元……

综合上述消息,我们可以得出史利英的社会责任承担方式与路径:厚待员工,传播红帮的服装文化,公益事业则偏重于抢救民间文化与青少年教育。保护传统与保护未来并重,成为史利英履行社会责任的非典型方式,独具特色。

四 勤奋敬业精神

(一)红帮的勤奋敬业精神概述

裁缝,是一个古老的职业,拥有几千年的历史,但在整个封建时代均被视为鄙陋薄技,人们对裁缝的称呼往往冠之以"小"——"小裁缝"。中国古代历史上曾经有过几次服装变革,史书上也有关于衣服的各种名称、服装制度等的记载,但是对具体制作衣服的"小裁缝"却很少提及,可见裁缝社会地位之卑微。

明清之际,随着资本主义在长江中下游地域萌芽,民主启蒙思想随之在这片沃土上产生。明代心学大师王阳明抨击宋明理学,提倡独立思考,明确提出:"士以修治,农以具养,工以利器,商以通货。"清代早期民主启蒙思想家黄宗羲继承了这一思想,针对儒家贬抑工商业的重农主义思想,第一次高度概括出"工商皆本"的职业观,猛烈抨击"以工商为末,妄议抑之"的腐朽落后意识。"经世致用"成为浙东学派文化思想的核心原则,也成为发展工商业的思想武器。红帮人是这一思想的忠实实践者。

红帮裁缝勤于钻研,精通中西,长于实践,技艺精湛。他们总结了裁缝技艺"四功"、形体造型"九势"、成衣工艺技术效果"十六字诀"。红帮名师们苦心钻研,纷纷著书立说。一些红帮传人还掌握了以目测心算替代量体裁衣的绝技。他们勤奋执着的探究精神、一流的技术水平和高深的理论素养,是成就红帮精、细、美、好品牌效应的内力所在,是红帮薪火相传、代代不息、传承百年、享誉全球的重要保证。

1. "工于形、精于艺、合天衣"是红帮裁缝的事业追求

"工于形、精于艺、合天衣"的意思是指制作高级成衣时,通过新颖的款式、精湛的技艺,缝制完成一件近乎完美的服装。这是红帮人经过百年来孜孜不倦的追求才获得的,表达了一种不达目标永不放弃的决心。对事业和理想的渴望,是红帮人百年来永不停止的脚步的体现。

高级成衣的手工缝制不仅需要耐心、细心，更重要的是需要一针一线的精湛技艺，所谓“台上一遍，台下千遍”，要做到完美无缺，肯定需要“铁棒磨成针”的功夫。一个红帮裁缝的精湛技艺，是靠一针一线练出来的。从学徒开始，跟着师傅从简单的服装缝制开始，手工、眼睛、感觉、速度、品味，都要一一历练。虽然一开始觉得眼高手低，但渐渐地随着技术的提高，对于服装品质的要求也会提高。依靠红帮裁缝的代代相传，这种具有中华民族独特优良品质的红帮精神文化终于得以传承和彰显。

2. 红帮人刻苦勤奋，铸就红帮文化

来自宁波的红帮裁缝凭借非凡的胆识、卓绝的毅力，走出贫困的家乡，由手艺糊口的打工仔发展成为专家型企业家。他们一改传统手工小作坊的生产方式，在国内外建立众多的工商基地；他们改进工艺，提高管理，重视教育，缔造了中国的西服伟业。

红帮裁缝涉足国内西服市场之早、范围之广、规模之大，都是外国西服业难以比拟的。只要是“西风”吹到的地方，红帮裁缝就会闻“风”而至，无论最初条件多么艰苦，市场空间多么狭窄，他们都能顽强生存、发展，最终全面占领西服市场。一般较早在某城市发展的红帮西服店，原始资本积累也较早，实力自然较为雄厚，它们会分布于这个城市最繁华的地段，如上海的南京路、哈尔滨的中央大街、苏州的观前街、北京的王府井等；紧随其后的一些发展较晚、资金较薄弱的红帮店则以繁华主街为中心发散，分布于周围的小街、弄堂，以创业时间先后、资本实力大小依次排列，分别占领西服市场的每一个角落，其速度之惊人使外国人望而兴叹，难以插足。

融会中西、精益求精的红帮工艺是红帮裁缝将实用与审美功能完美结合于西服的重要手段，它是红帮的核心竞争力。

红帮裁缝率先掌握了与中国传统服饰截然不同的西服的缝制方法，成为最先探索出西服立体造型方法奥妙的中国裁缝，自此，西服开始在中国生根、发芽。最初他们还没有自己的固定店铺，通过走街串巷的“拎包”谋生方式为中国最早一批接受西方服饰文化的群体，如买办阶层、归国留学生等，缝制洋服。这些人虽然占当时中国总人数的比例非常小，但还是打破了传统服饰“铁板一块”的状态。他们跨越中西文化的鸿沟，经常与外国人同处共事，成为中国较早抛弃传统服饰、接受西方服饰文化的“先锋”群体。他们当中成为富商大贾或社会上层人物者不乏其人，由于社会地位的提升，其身上所穿的笔挺、体面的西服，也逐步由被人鄙夷、排斥而转为被争先效仿。红帮裁缝较早引进西服缝制方法，使这群中国“先锋”人物较早较便捷地穿上西服，并通过自身的穿着展示对其他中国人起到一定的示范作用，成为中国传统服饰转型的先声。

在中国近代传统服饰的转型过程中，红帮裁缝一直为服饰新潮流的引领者，他们通过对西服工艺持续不懈的探索和精益求精的追求，让中国人切实感受到西服这种现代服饰所具有的优点，吸引越来越多人加入穿着西服的队伍，不断壮大的队伍便构成中国传统服饰转型的主体。他们顺应时代潮流，在中西参半的思想主体下，实践着中西融合、“中体西用”的原则，创造出中西合璧的服装新款，使人们在新旧服饰的选择中尝试，在尝试中转变，在转变中形成习惯，无形加速中国传统服饰转型的步伐，而且在整个20世纪上半叶红帮裁缝一直力图通过各种途径保持与国际时尚潮流的同步性，在中外服装交流史上写下了辉煌的篇章。

(二)行业对红帮勤奋敬业精神的召唤

红帮在百年传承中扮演着中国近现代服装业开拓进取的重要角色,积淀了“敢为人先、精于技艺、诚信重诺、勤奋敬业”的思想底蕴。今天,这已经成为新红帮人乃至整个中国服装业的文化灵魂。红帮精神的传承不仅仅只体现在各类服装行业,其他行业领域也同样在召唤这种精神。

红帮裁缝作为现代服装业的开拓者,在百年的发展史上从来没有停止过技术的创新,开辟了现代服装新潮流。正是凭借着这种敢为人先的胆略、魄力和勤奋敬业的精神,宁波裁缝从各帮裁缝中脱颖而出,成为闻名遐迩的现代新型裁缝——红帮裁缝。

勤奋敬业是红帮文化的发展根基,当年红帮人以上海为中心,逐步向全国乃至海外发散,国内北达哈尔滨、南至香港,国外北上俄罗斯、东渡日本、南下南洋。红帮人从一个个凭借手艺糊口的缝纫匠发展成企业家,靠的就是这种勤奋敬业的精神,闯荡他乡,不倦拼搏,踏实做人,忠于职守,从而克服了种种艰难困苦,奠定了生存与发展的根基。几代红帮人用智慧和心血凝聚而成的红帮文化,正是浙江纺织服装职业技术学院这样以纺织服装专业为主要特色的学校着力打造校园文化品牌的必然选择,我们的文化认同、价值观念与久负盛名的红帮文化具有内在的血缘关系和逻辑的严密一致性。

在这个追求物质文化与精神文化共同发展的社会,我们更加应该传承红帮精神,继承先辈们的经验和优良的思想品质,并不断创新和超越。之前,以作坊经济为主导的红帮裁缝掀起了宁波乃至中国服装产业的第一次浪潮,以独特的手工艺水平使宁波人生产制作的服装在全国迅速闻名,让红帮裁缝的美名一直传颂至今。改革开放以来,宁波的服装企业聘请红帮裁缝,从乡镇企业起家,逐渐形成相当的气候和规模,使服装产业快速发展,成为宁波经济的支柱产业之一。以杉杉、雅戈尔为代表的宁波服装企业,在全国最早倡导创名牌的经营方式,以品牌为核心促进企业的成长,并在太平鸟、罗蒙、洛兹、培罗成等企业的共同推动下,掀起了宁波服装产业发展的第二次浪潮。宁波向着建成集服饰生产基地、贸易中心和产业资源高地为一体的国际服装名城而奋进,传承古老文化的宁波在红帮精神的推动下奔涌前行!

第五章　红帮企业文化

一　当代红帮产业发展状况

根据宁波市统计局数据，2018年宁波市规模以上（以下简称规上）纺织服装企业共819家，较上年870家减少51家，规上企业数连续3年下降，占宁波市全部规上企业的11%；企业从业人员190041人，同比减少4.76%，占宁波市全部规上企业从业人数的13%。2016—2018年宁波市规上纺织服装企业基本情况如表5-1所示。

表5-1　2016—2018年宁波市规上纺织服装企业基本情况

指　标	2016年	2017年	2018年
企业单位数/家	906	870	819
其中：纺织业/家	273	262	257
纺织服装、服饰业/家	566	549	501
化学纤维制造业/家	67	59	61
全部从业人员数/人	228832	203484	190041
其中：纺织业/人	61370	53655	50989
纺织服装、服饰业/人	158492	141407	131778
化学纤维制造业/人	8970	8422	7274
企业平均人数/人	253	234	232
资产总计/亿元	1299.49	1289.27	1223.22
负债总计/亿元	707.56	711.83	676.50

资料来源：宁波市统计局。

2018年，宁波市纺织服装产业产值增长，从业人数减少，人均薪酬、人均产值、人均利润均大幅增长，应收账款开始下降，但库存持续增加，各细分行业发展不均，主要表现在以下方面。

1．产值增长大于出口，产值和出口增速低于宁波市平均

根据宁波市统计局数据，2018年，宁波市规上纺织服装企业工业总产值连续3年增长，增速逐步加大，出口在连续3年下滑的情况下略有好转。宁波市规上纺织服装企业2018年累计实现工业总产值1108.38亿元，占宁波市全部规上企业的6.59%；同比增长7.91%，而宁波市全部规上企业工业总产值同比增长10.32%。宁波市规上纺织服装企业2018年累计完成出口交货值336.11亿元，占宁波市全部规上企业出口交货值的10.72%；同比增长

0.72%，而宁波市全部规上企业出口交货值同比增长9.84%。宁波市纺织服装行业产值和出口交货值的增速均低于宁波市平均。分析纺织服装三大细分行业工业总产值，纺织业和纺织服装、服饰业均有较大增长，化学纤维制造业在上年增长13.25%的情况下增速放缓。分析三大细分行业出口交货值，纺织业和化学纤维制造业均有所增长，但增幅不大，出口大户纺织服装、服饰业持续三年出现下滑。具体情况如表5-2、5-3，图5-1、5-2所示。

表5-2　2016—2018年宁波市规上纺织服装企业产值和出口交货值比较

项目	2016年	2017年	2018年	
	同比±/%	同比±/%	数值/亿元	同比±/%
工业总产值	1.02	5.69	1108.38	7.91
工业销售产值	0.91	5.10	1072.48	5.83
出口交货值	-2.33	-2.07	336.11	0.72

资料来源：宁波市统计局。

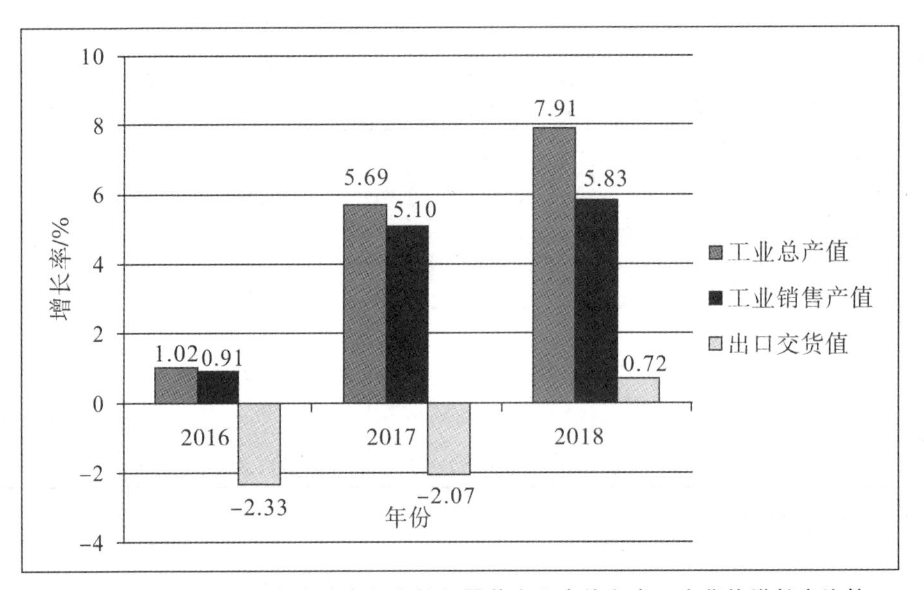

图5-1　2016—2018年宁波市规上纺织服装企业产值和出口交货值增长率比较

表5-3　2016—2018年宁波市规上纺织+服装细分行业产值和出口交货值比较

项目		2016年	2017年	2018年	
		同比±/%	同比±/%	数值/亿元	同比±/%
纺织业	工业总产值	6.51	6.09	357.98	9.43
	工业销售产值	6.30	7.95	352.84	7.00
	出口交货值	-1.25	-3.66	72.48	5.44

续表

项目		2016年	2017年	2018年	
		同比±/%	同比±/%	数值/亿元	同比±/%
纺织服装、服饰业	工业总产值	0.75	3.58	600.97	9.07
	工业销售产值	−0.54	1.68	574.25	6.10
	出口交货值	−1.29	−2.23	252.11	−0.62
化学纤维制造业	工业总产值	−10.36	13.25	149.43	0.31
	工业销售产值	−5.47	12.68	145.39	2.12
	出口交货值	−31.19	13.51	11.52	1.94

资料来源：宁波市统计局。

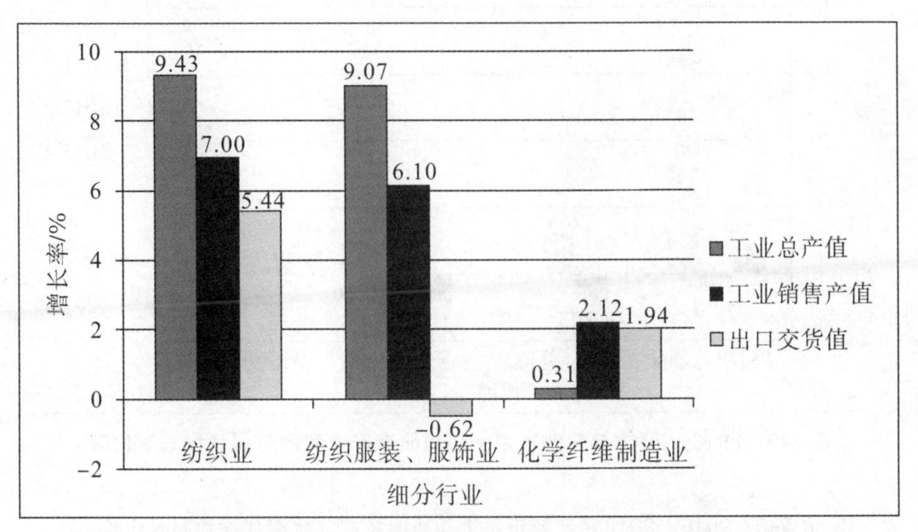

图5-2 2018年宁波市规上纺织服装细分行业产值和出口交货值增长率比较

2. 利润和利税大幅增长

2018年，宁波市纺织服装产业利润总额74.79亿元，占宁波市全部规上企业的6.09%；同比大幅增长53.47%，而宁波市全部规上企业利润总额同比减少1.38%。利税总额106.33亿元，占宁波市全部规上企业的5.20%；同比增长30.78%，而宁波市全部规上企业利税总额同比减少1.57%。税金总额31.53亿元，占宁波市全部规上企业的3.87%；同比减少3.16%，而宁波市全部规上企业税金总额同比减少1.85%。税金主要是增值税，应交增值税25.23亿元，占宁波市全部规上企业的6.03%。纺织服装产业利润、利税的增长均高于宁波市平均。细分三大行业看，纺织业增长相对平稳；纺织服装、服饰业的利润和利税在前两年持续下滑的情况下出现大幅增长，利润总额同比增长119.06%，利税总额同比增长58.86%，但税金同比减少9.17%；化学纤维制造业则因体量不大出现大幅波动。具体情况如表5-4、5-5，图5-3、5-4、5-5所示。

表 5-4　2016—2018 年宁波市规上纺织服装产业利润和利税比较

项目	2016年	2017年	2018年	
	同比±/%	同比±/%	数值/万元	同比±/%
利润总额	4.39	−2.79	747931	53.47
税金总额	−4.20	6.32	315345	−3.16
应交增值税	−4.70	0.00	252281	−0.29
利税总额	1.19	0.57	1063276	30.78

资料来源：宁波市统计局。

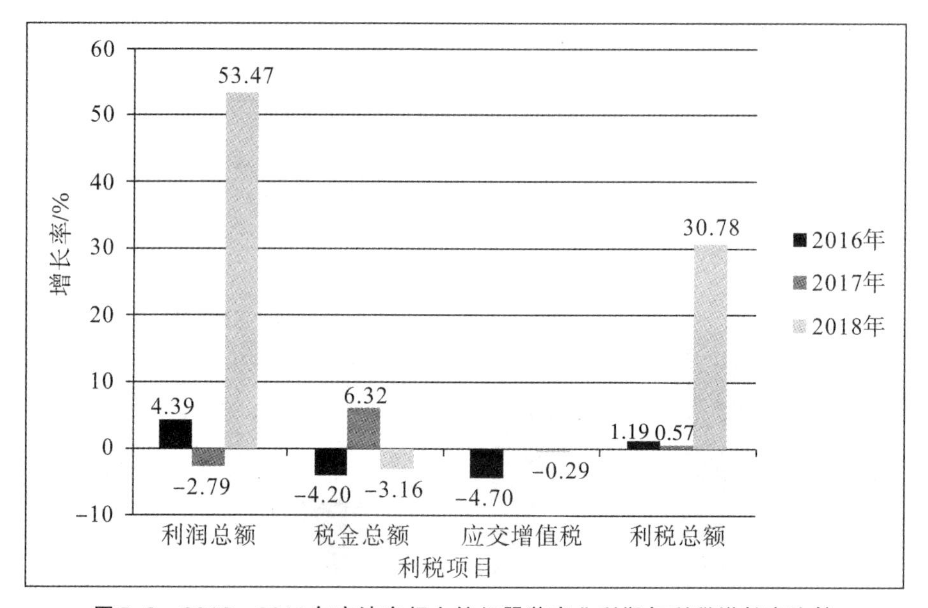

图 5-3　2016—2018 年宁波市规上纺织服装产业利润与利税增长率比较

表 5-5　2016—2018 年宁波市规上纺织服装细分行业利润和利税比较

项目		2016年	2017年	2018年	
		同比±/%	同比±/%	数值/万元	同比±/%
纺织业	利润总额	18.79	4.53	241887	7.37
	税金总额	0.89	1.14	114062	9.20
	应交增值税	−0.33	−1.98	92087	10.58
	利税总额	12.81	3.43	355949	7.95
纺织服装、服饰业	利润总额	−2.04	−19.08	482499	119.06
	税金总额	−6.04	10.48	177035	−9.17
	应交增值税	−6.36	2.14	140570	−4.80
	利税总额	−3.52	−8.18	659534	58.86
化学纤维制造业	利润总额	−63.30	705.22	23545	−43.70
	税金总额	−9.82	−3.82	24248	−7.76
	应交增值税	−8.76	−7.53	19624	−11.10
	利税总额	−25.55	115.32	47793	−29.83

资料来源：宁波市统计局。

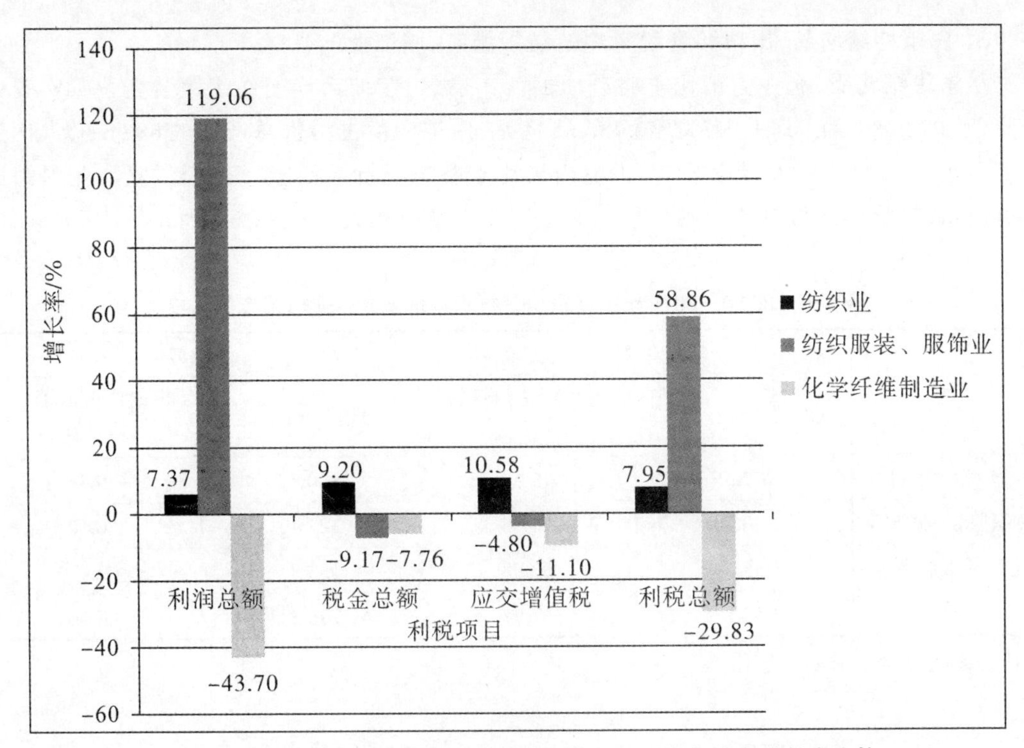

图 5-4 2018 年宁波市规上纺织服装细分行业利润与利税增长率比较

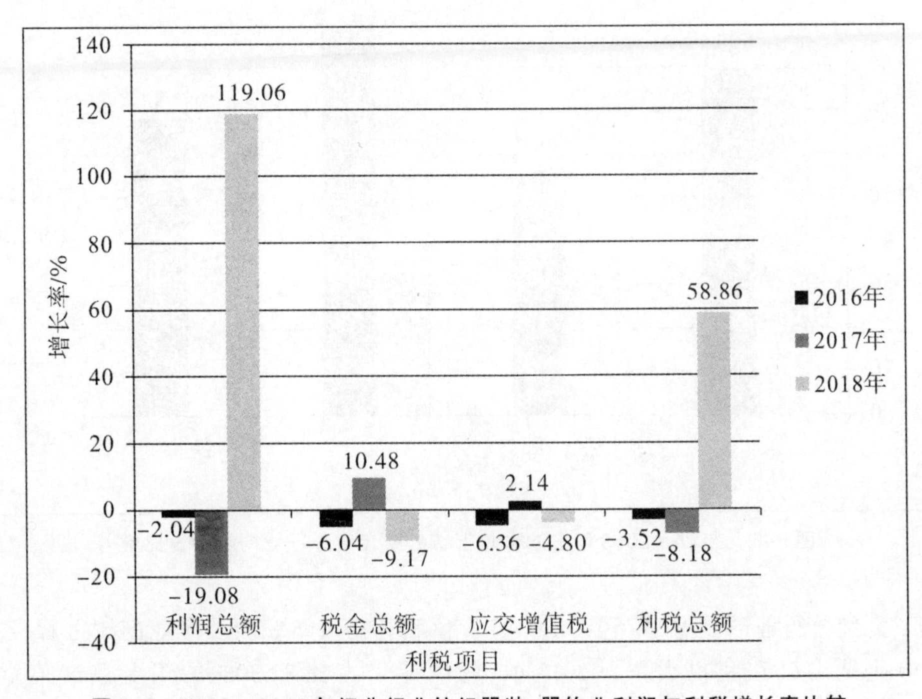

图 5-5 2016—2018 年细分行业纺织服装、服饰业利润与利税增长率比较

3. 内销持续增长，出口和利税大户是纺织服装、服饰业

从销售结构看，企业内销比重略有增加。2018年，宁波市规上纺织服装企业共实现销售产值1072.48亿元，其中内销产值736.35亿元，内销产值占销售总产值的68.66%，占比连续三年上升。细分三大行业看，纺织业内销比重基本保持不变，纺织服装、服饰业内销比重有所增加，化学纤维制造业则以内销为主。具体情况如表5-6、图5-6所示。

表5-6　2017—2018年宁波市规上纺织服装细分行业内销产值比较

项目	2017年		2018年	
	内销产值/亿元	内销产值占销售产值比例/%	内销产值/亿元	内销产值占销售产值比例/%
纺织业	272.36	79.38	280.35	79.46
纺织服装、服饰业	330.14	54.55	322.13	56.10
化学纤维制造业	155.69	93.08	133.87	92.08
合计	758.19	67.97	736.35	68.66

资料来源：宁波市统计局。

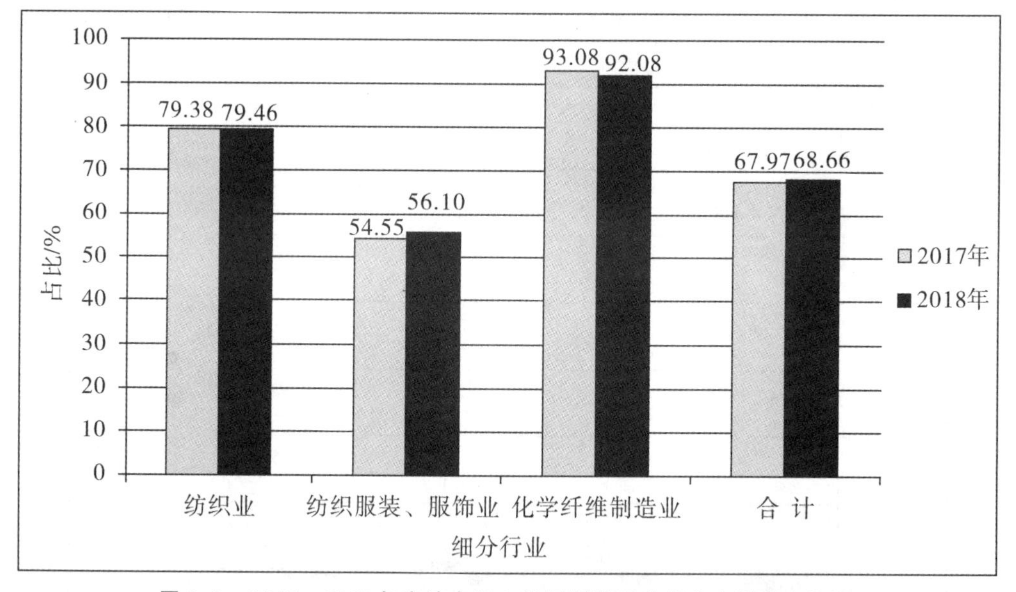

图5-6　2017—2018年宁波市规上纺织服装细分行业内销所占比重

从三大细分行业的工业总产值、出口交货值和利税占纺织服装产业的比重看，纺织服装、服饰业是出口和利税大户。2018年，纺织业以占比32.30%的工业总产值贡献了21.56%的出口交货值和1/3左右的利税；纺织服装、服饰业以占比54.22%的工业总产值贡献了75.01%的出口交货值和半数以上的利税；化学纤维制造业以内贸为主，其工业总产值占比13.48%，但出口份额仅占3.43%。具体情况如表5-7、5-8，图5-7、5-8、5-9所示。

表5-7　2017—2018年宁波市规上纺织服装细分行业工业总产值和出口交货值所占比重

项目	工业总产值/%		出口交货值/%	
	2017年	2018年	2017年	2018年
纺织业	31.85	32.30	20.60	21.56
纺织服装、服饰业	53.65	54.22	76.02	75.01
化学纤维制造业	14.50	13.48	3.39	3.43

资料来源：宁波市统计局。

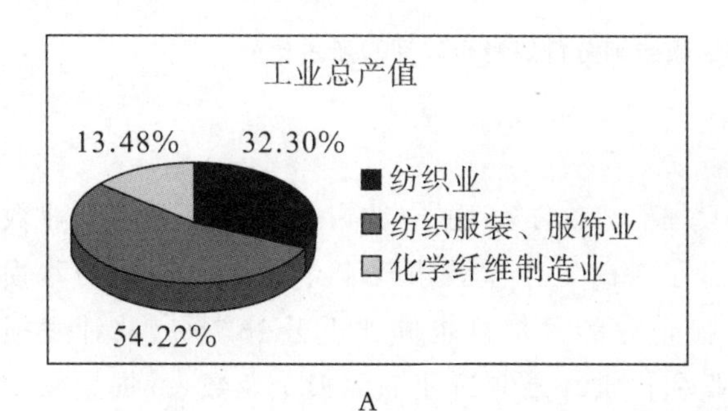

图5-7　2018年宁波市规上纺织服装细分行业工业总产值和出口交货值所占比重

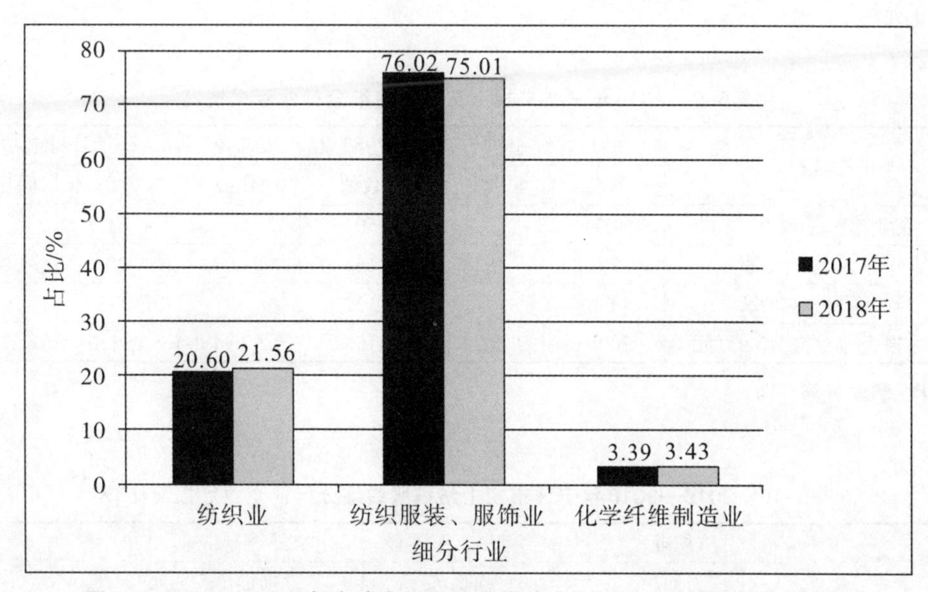

图5-8　2017—2018年宁波市规上纺织服装细分行业出口交货值所占比重

表5-8　2017—2018年宁波市规上纺织服装细分行业税金和利润所占比重

项目	税金总额/%		利润总额/%	
	2017年	2018年	2017年	2018年
纺织业	32.08	36.17	46.22	32.34
纺织服装、服饰业	59.85	56.14	45.20	64.51
化学纤维制造业	8.07	7.69	8.58	3.15

资料来源：宁波市统计局。

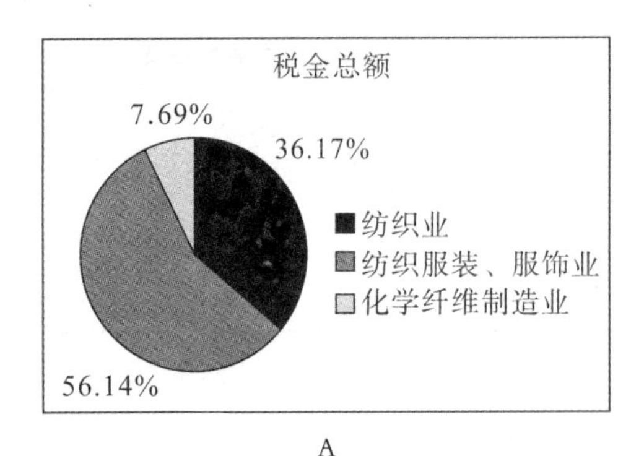

A

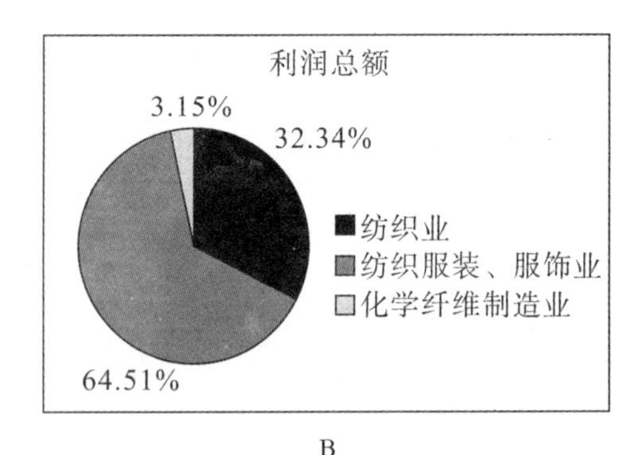

B

图5-9 2018年宁波市规上纺织服装细分行业税金和利润所占比重

4. 亏损面扩大，但亏损额下降

2018年，宁波市规上纺织服装企业中亏损企业251家，占宁波市全部规上亏损企业数的18%；亏损面达31%，比上年的26%[①]上升了5%，也比宁波市规上企业18%的平均亏损面高出13%。在亏损面上升的情况下，亏损企业的亏损额也同比上升26.75%，共计亏损67164万元。细分行业看，纺织服装、服饰业和化学纤维制造业的亏损企业数、亏损金额均大幅增加。同时，纺织服装、服饰业虽然亏损面和亏损企业数大幅增加，但如前所述，行业利润却大幅增长119.06%。可见，行业内各企业发展很不均衡。具体情况如表5-9、5-10，图5-10所示。

表5-9 2018年宁波市规上纺织服装细分行业亏损情况

指标名称	纺织业		纺织服装、服饰业		化学纤维制造业	
	数值	同比±/%	数值	同比±/%	数值	同比±/%
企业单位总数/家	57		501		61	
本年亏损企业数/家	70	9.38	161	21.97	20	17.65
去年亏损企业数/家	64		132		17	
本年亏损企业亏损金额/万元	20053	5.28	31581	48.94	15530	21.93

资料来源：宁波市统计局。

表5-10 2016—2018年宁波市规上纺织服装细分行业企业亏损面比较

指标名称	纺织业	纺织服装、服饰业	化学纤维制造业	合计/%
	亏损面/%	亏损面/%	亏损面/%	
2016年	19	22	37	22
2017年	25	26	28	26
2018年	27	32	33	31

资料来源：宁波市统计局。

①因每年规上企业数量是变化的，统计局统计上年亏损企业数的占比使用的基数为本年企业数。故计算2017年亏损面是用2017年亏损企业数(213)除以本年企业数(819)，得出26%的数据。分行业计算同理。

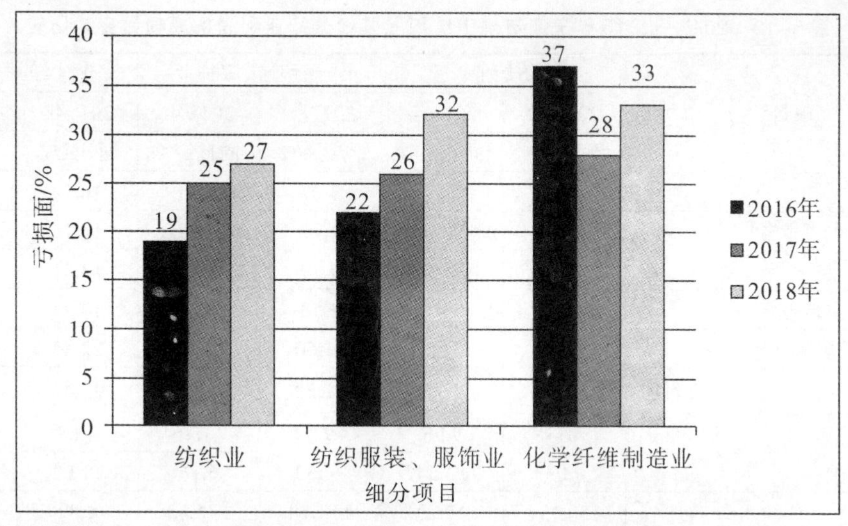

图 5-10 2016—2018 年宁波市规上纺织服装细分行业企业亏损面比较

5. 成本增长大于收入增长，营业税金和财务费用大幅减少

2018年，宁波市纺织服装产业在营业收入增长6.34%的情况下，营业成本增长7.05%，成本上升；同时，营业税金及附加下降12.91%，销售费用和管理费用分别上升11.14%和9.80%，销售费用持续三年增加较多，财务费用则波动很大，同比下降46.99%。宁波市纺织服装产业全年营业收入总计1120.85亿元，其中主营业务收入1088.54亿元，主营业务收入占营业收入的97.12%。比较细分行业的收入与成本费用发现，2018年宁波市纺织服装产业营业税金和财务费用的大幅减少主要系纺织服装、服饰业的波动所致。具体情况如表5-11、5-12，图5-11、5-12所示。

表 5-11 2016—2018 年宁波市规上纺织服装产业利润构成项目变动比较

项目	2016年	2017年	2018年	
	同比±/%	同比±/%	数值/亿元	同比±/%
营业收入	1.82	5.58	1120.85	6.34
其中：主营业务收入	2.03	5.23	1088.54	6.00
营业成本	1.65	5.35	972.47	7.05
其中：主营业务成本	1.83	4.85	944.65	6.86
营业税金及附加	-1.67	37.47	6.35	-12.91
其中：主营业务税金及附加	-1.68	37.49	6.31	-13.18
销售费用	10.95	15.65	43.26	11.14
管理费用	4.29	-0.50	58.82	9.80
财务费用	-25.93	72.77	7.21	-46.99

资料来源：宁波市统计局。

表5-12 2017—2018年宁波市规上纺织服装细分行业利润构成项目变动比较

项目	纺织业		纺织服装、服饰业		化学纤维制造业	
	2017年	2018年	2017年	2018年	2017年	2018年
	同比±/%	同比±/%	同比±/%	同比±/%	同比±/%	同比±/%
营业收入	5.29	7.87	3.07	6.20	16.72	3.32
其中:主营业务收入	5.05	7.92	2.79	6.02	15.75	1.50
营业成本	4.87	8.34	3.19	6.91	14.31	4.86
其中:主营业务成本	4.51	8.48	2.58	7.14	13.91	2.42
营业税金及附加	15.49	3.78	51.50	-22.45	22.43	9.79
其中:主营业务税金及附加	15.42	3.77	51.53	-22.83	22.43	9.79
销售费用	4.11	9.93	19.07	11.86	4.68	0.88
管理费用	4.03	13.54	-4.33	6.76	11.02	14.24
财务费用	56.13	27.73	153.78	-76.43	4.82	-6.89

资料来源:宁波市统计局。

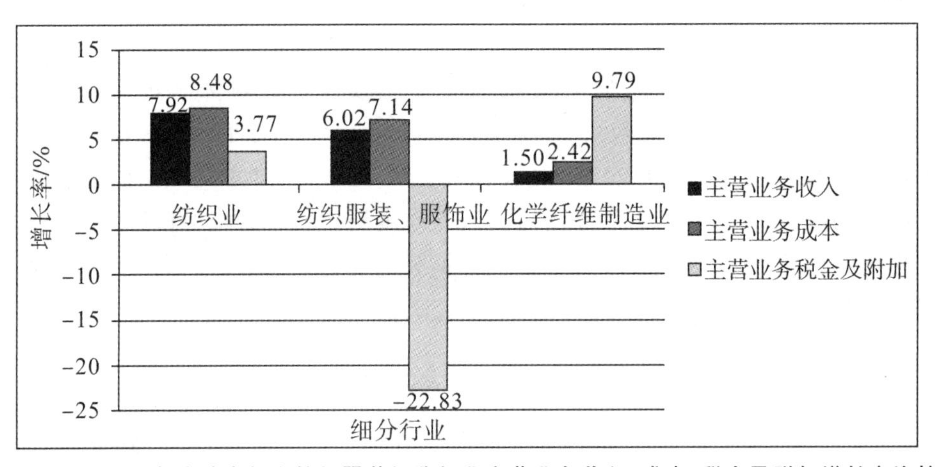

图5-11 2018年宁波市规上纺织服装细分行业主营业务收入、成本、税金及附加增长率比较

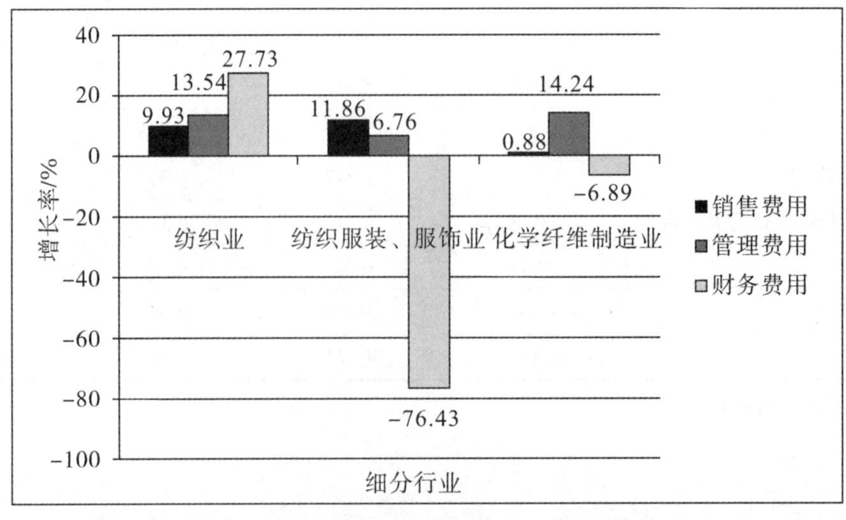

图5-12 2018年宁波市规上纺织服装细分行业"三费"增长率比较

6. 加大研发投入力度，新产品产值增长

2018年，宁波市规上纺织服装企业技术（研究）开发费13.93亿元，同比大幅增长42.65%，而宁波市规上企业平均增长25.45%。全年共计完成新产品产值298.64亿元，同比增长8.18%，而宁波市规上企业平均增长11.61%，新产品产值占工业总产值的26.94%；研发支出占营业收入比重为1.24%，同比增长34.15%。细分行业看，化学纤维制造业的新产品产值大幅减少14.92%。具体情况如表5-13、5-14、5-15，图5-13所示。

表5-13　2016—2018年宁波市规上纺织服装产业研究开发支出与新产品产值比较

项目	2016年	2017年	2018年	
	同比±/%	同比±/%	数值	同比±/%
技术（研究）开发费/万元	0.89	6.42	139326	42.65
新产品产值/万元	7.39	−0.48	2986421	8.18
新产品产值率/%	6.31	−5.83	26.94	0.24
研发支出占营业收入比重/%	−2.66	0.79	1.24	34.15

资料来源：宁波市统计局。

表5-14　2018年宁波市规上纺织服装细分行业研究开发支出与新产品产值情况

项　目	纺织业		纺织服装、服饰业		化学纤维制造业	
	数值	同比±/%	数值	同比±/%	数值	同比±/%
技术（研究）开发费/万元	81793	35.63	42407	60.38	15125	38.51
新产品产值/万元	1202563	18.15	1403206	8.32	380652	−14.92
新产品产值率/%	33.59	7.96	23.35	−0.69	25.47	−15.18
研发支出占营业收入比重/%	2.25	25.72	0.70	51.01	1.00	34.06

资料来源：宁波市统计局。

表5-15　2017—2018年宁波市规上纺织服装细分行业研究开发支出与新产品产值增长比较

项　目	纺织业		纺织服装、服饰业		化学纤维制造业	
	2017年	2018年	2017年	2018年	2017年	2018年
	同比±/%	同比±/%	同比±/%	同比±/%	同比±/%	同比±/%
技术（研究）开发费	0.62	35.63	4.81	60.38	77.43	38.51
新产品产值	11.76	18.15	−9.35	8.32	11.36	−14.92
研发支出占营业收入比重	1.79	2.25	0.46	0.70	0.75	1.00

资料来源：宁波市统计局。

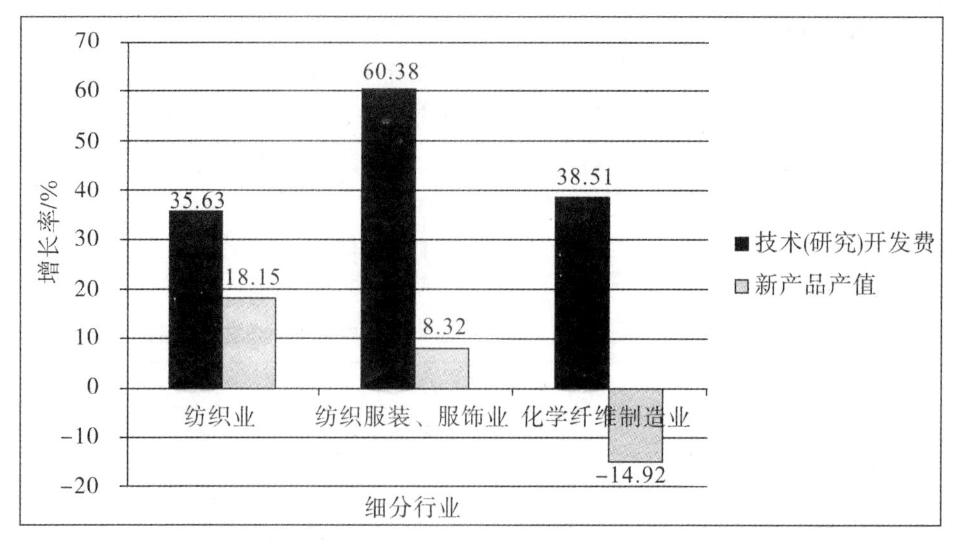

图 5-13　2018 年宁波市规上纺织服装细分行业研究开发支出与新产品产值增长率比较

7. 人均报酬持续增长，人均利税大幅增长

从平均经济指标看，2018 年宁波市规上纺织服装企业平均产值均有增长，平均利润大幅增长，但平均税金下降。具体情况如表 5-16，图 5-14、5-15 所示。

表 5-16　2016—2018 年宁波市规上纺织服装企业平均经济指标比较

项目	2016 年	2017 年	2018 年	
	同比±/%	同比±/%	数值/万元	同比±/%
企业平均资产总额	7.68	4.76	14936	0.65
企业平均工业总产值	1.02	5.69	13533	7.91
企业平均销售产值	0.91	5.10	13095	5.83
企业平均出口交货值	-2.33	-2.07	4104	0.72
企业平均主营业务收入	2.03	5.23	13291	6.00
企业平均利润总额	4.39	-2.79	913	53.47
企业平均税金总额	-4.20	6.32	385	-3.16
企业平均利税总额	1.19	0.57	1298	30.78

资料来源：宁波市统计局。

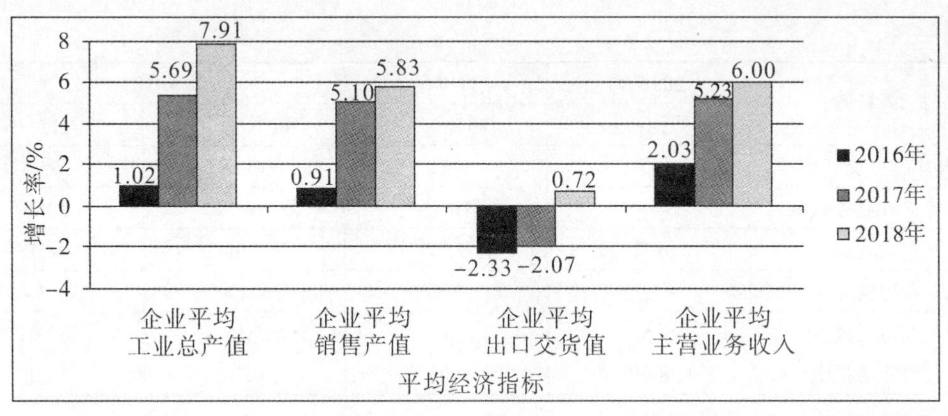

图5-14 2016—2018年宁波市规上纺织服装企业平均产值与收入增长率比较

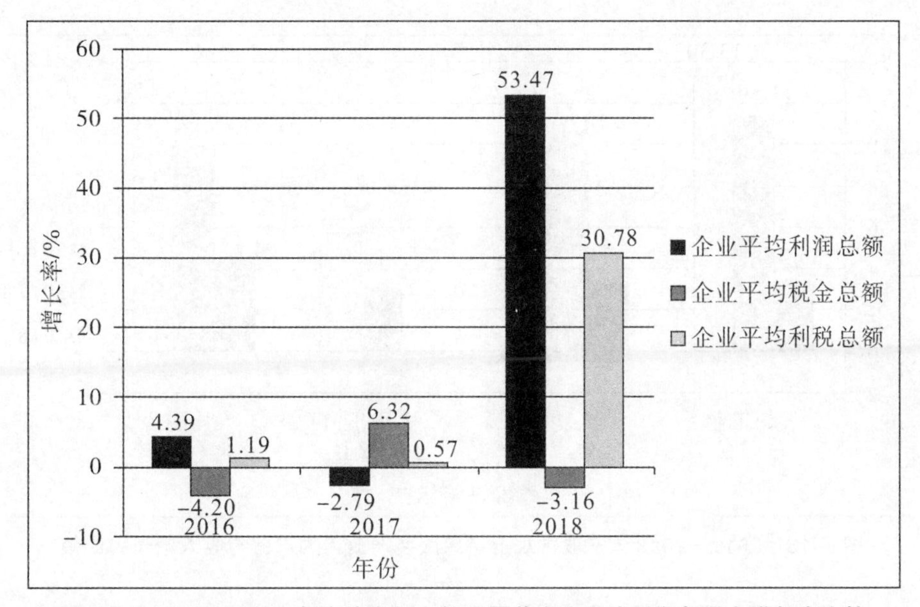

图5-15 2016—2018年宁波市规上纺织服装企业平均利润与税金增长率比较

从人均经济指标看，宁波市规上纺织服装产业人均产值持续三年增长，表明劳动效率持续提高；人均劳动报酬持续三年增长，2018年人均劳动报酬6.79万元，增长13.37%，增长幅度较大，但均低于宁波市全部规上企业平均水平（人均劳动报酬7.9万元，增长14.45%），企业人工成本持续上升；人均税金1.66万元，大大低于宁波市规上企业平均的5.58万元；人均利润3.94万元，大幅增长61.13%，但仍大大低于宁波市规上企业平均的8.40万元。可见，纺织服装产业的劳动密集型特征明显。具体情况如表5-17，图5-16、5-17所示。

表5-17 2016—2018年宁波市规上纺织服装产业人均经济指标比较

项目	2016年	2017年	2018年	
	同比±/%	同比±/%	数值/万元	同比±/%
人均工业总产值	3.42	11.30	58.32	13.30
人均销售产值	3.31	10.67	56.43	11.12

续表

项目	2016年	2017年	2018年	
	同比±/%	同比±/%	数值/万元	同比±/%
人均出口交货值	-0.01	3.12	17.69	5.75
人均主营业务收入	4.45	10.82	57.28	11.29
人均利润	6.87	2.37	3.94	61.13
人均税金	-1.92	11.96	1.66	1.67
人均利税	3.59	5.91	5.59	37.31
人均劳动报酬	8.98	7.77	6.79	13.37

资料来源：宁波市统计局。

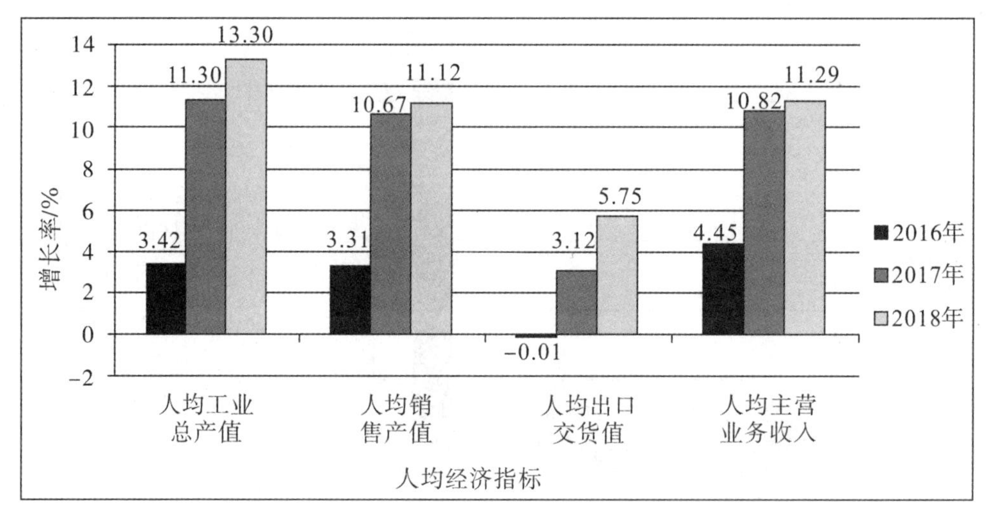

图5-16　2016—2018年宁波市规上纺织服装产业人均产值与收入增长率比较

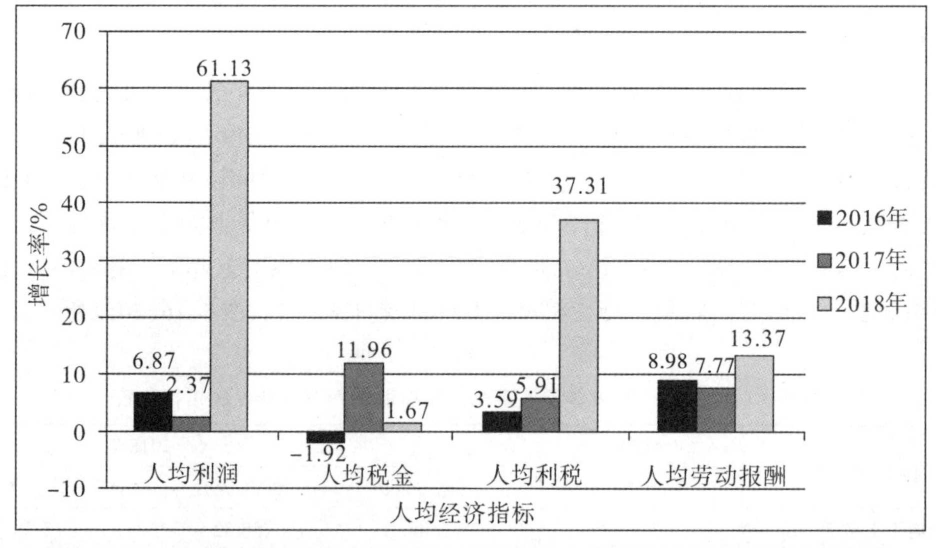

图5-17　2016—2018年宁波市规上纺织服装产业人均利税与劳动报酬增长率比较

细分行业看，2018年纺织业情况较好，各项人均指标都有较大增长。纺织服装服饰业获利情况有待改善。三大细分行业从业人员的年人均劳动报酬均有较大增长，平均增长13.37%，纺织业和化学纤维制造业增长较快。具体情况如表5-18所示。

表5-18　2018年宁波市规上纺织服装细分行业企业平均与人均经济指标

指标名称	纺织业		纺织服装、服饰业		化学纤维制造业	
	数值/万元	同比±/%	数值/万元	同比±/%	数值/万元	同比±/%
企业平均资产总额	17000	7.24	13005	−2.95	22091	−1.29
企业平均工业总产值	13929	9.43	11995	9.07	24497	0.31
企业平均销售产值	13729	7.00	11462	6.10	23835	2.12
企业平均出口交货值	2820	5.44	5032	−0.62	1889	1.94
企业平均主营业务收入	13736	7.92	11784	6.02	23800	1.50
企业平均利润总额	941	7.37	963	119.06	386	−43.70
企业平均税金总额	444	9.20	353	−9.17	398	−7.76
企业平均利税总额	1385	7.95	1,316	58.86	783	−29.83
人均工业总产值	70.21	15.43	45.60	13.61	205.43	17.04
人均销售产值	69.2	12.86	43.58	10.52	199.88	19.14
人均出口交货值	14.21	11.21	19.13	3.52	15.84	18.94
人均主营业务收入	69.23	13.83	44.80	10.43	199.59	18.43
人均利润	4.74	13.25	3.66	128.17	3.24	−34.31
人均税金	2.24	15.18	1.34	−5.39	3.33	7.63
人均利税	6.98	13.86	5.00	65.47	6.57	−18.12
人均劳动报酬	7.27	14.25	6.63	12.68	6.54	19.01

资料来源：根据宁波市统计局。

8. 获利能力大幅提升

2018年，宁波市纺织服装产业各项利润率均大幅上升，净资产利润率同比增长52.80%。细分行业看，纺织业波动较小；纺织服装、服饰业各项指标均较上年大幅提升，净资产利润率同比增长128.82%；化学纤维制造业盈利能力下降明显，各项指标均大幅下滑。纺织服装、服饰业是在去年大幅下滑的情况下大幅上升，化学纤维制造业是在去年大幅上升的情况下大幅下滑，总体看，细分行业的持续盈利能力有待提升。具体情况如表5-19，图5-18、5-19所示。

表5-19　2017—2018年宁波市规上纺织服装产业及细分行业获利指标比较

指标分析		纺织业	纺织服装、服饰业	化学纤维制造业	合计
销售利润率/%	本年累计	6.66	7.96	1.55	6.67
	上年同期	6.69	3.86	2.85	4.62
	同比±	−0.47	106.26	−45.51	44.32
销售产值利润率/%	本年累计	6.86	8.40	1.62	6.97
	上年同期	6.83	4.07	2.94	4.81
	同比±	0.34	106.46	−44.86	45.01

续表

指标分析		纺织业	纺织服装、服饰业	化学纤维制造业	合计
总资产利润率/%	本年累计	5.54	7.41	1.75	6.11
	上年同期	5.53	3.28	3.06	4.01
	同比±	0.12	125.71	-42.96	52.47
净资产利润率/%	本年累计	10.89	16.53	7.21	13.68
	上年同期	10.84	7.22	13.25	8.95
	同比±	0.46	128.82	-45.59	52.80

资料来源：宁波市统计局。

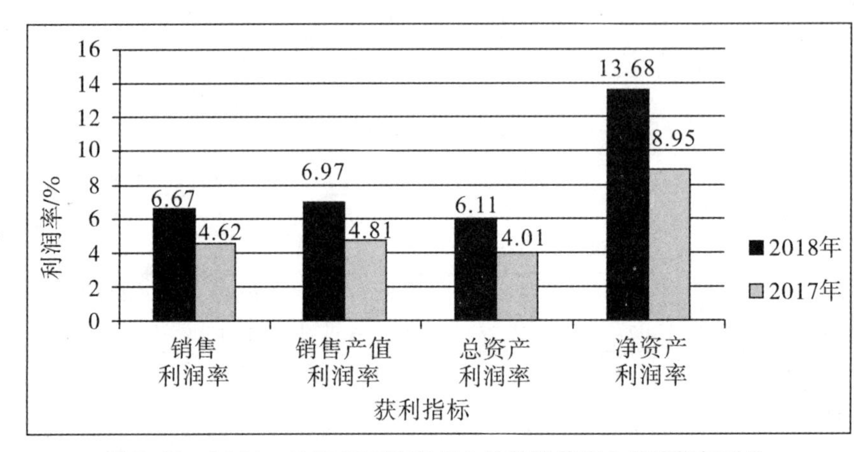

图5-18　2017—2018年宁波市规上纺织服装产业盈利指标对比

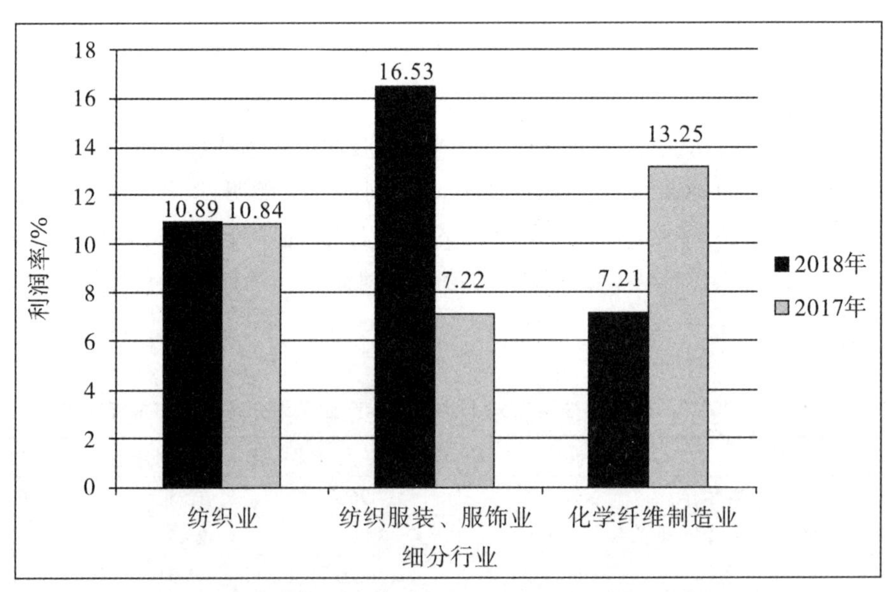

图5-19　2017—2018年宁波市规上纺织服装细分行业净资产利润率对比

9. 收款情况有所改善,去库存压力犹在

分析2018年宁波市规上纺织服装产业资产运营效率指标,除存货周转率略有下滑外,应收账款周转率、流动资产周转率、总资产周转率均同比上升,表明企业的资产运营能力有所好转。2018年宁波市规上纺织服装产业的应收账款周转率在前两年下降17.94%和6.55%的情况下上升14.33%,特别是纺织服装、服饰业,应收账款周转率同比增长17.81%,但存货周转率均出现下滑。具体情况如表5-20,图5-20、5-21所示。

表5-20 2017—2018年宁波市规上纺织服装产业及细分行业资产运营效率指标比较

指标分析		纺织业	纺织服装、服饰业	化学纤维制造业	合计
应收账款周转率/%	本年累计	6.97	3.30	10.52	4.48
	上年同期	6.82	2.80	9.22	3.92
	同比±	2.21	17.81	14.03	14.33
存货周转率/%	本年累计	4.16	5.06	4.48	4.65
	上年同期	4.21	5.11	4.53	4.70
	同比±	-1.25	-0.96	-0.95	-1.10
流动资产周转率/%	本年累计	1.30	1.33	1.79	1.37
	上年同期	1.26	1.18	1.75	1.26
	同比±	3.04	12.54	2.21	8.13
总资产周转率/%	本年累计	0.83	0.93	1.12	0.92
	上年同期	0.83	0.85	1.07	0.87
	同比±	0.59	9.43	4.67	5.65

资料来源:宁波市统计局。

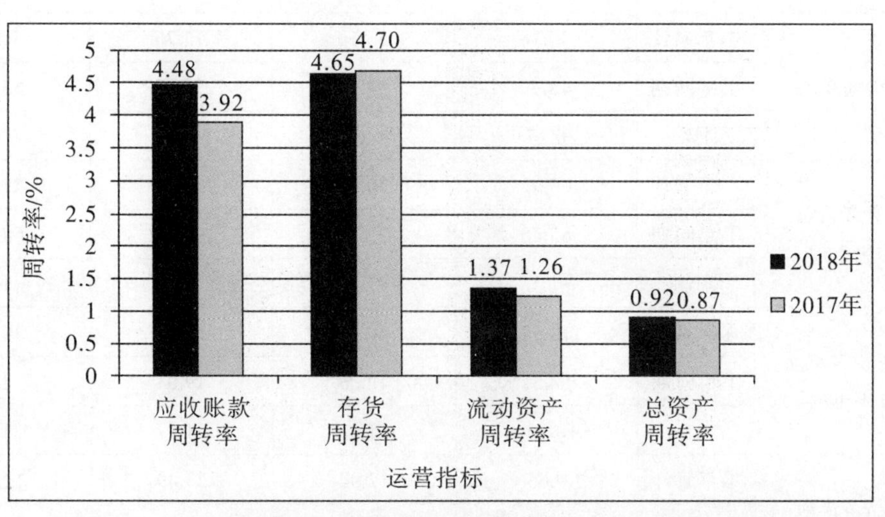

图5-20 2017—2018年宁波市规上纺织服装产业资产运营效率指标对比

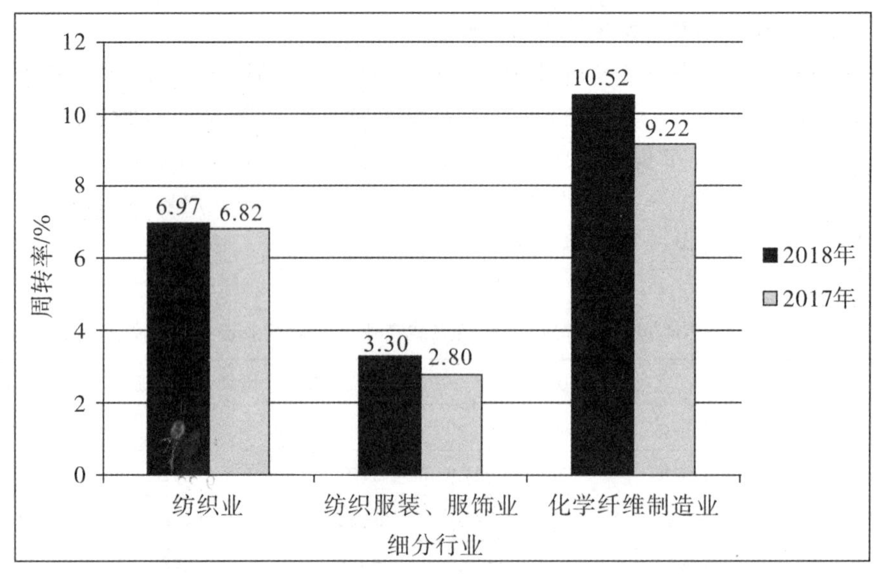

图 5-21　2017—2018 年宁波市规上纺织服装细分行业应收账款周转率对比

分析2018年宁波市规上纺织服装产业的偿债能力和资本结构，整体资产负债率为55.30%，其中化学纤维制造业资产负债率最高，达75.76%；负债中银行贷款占33.40%，银行贷款占负债比重增加0.55%，企业经营比较谨慎；流动资产占总资产比重为67.11%；应收账款占流动资产比重为30.46%，同比下降1.75%；产成品占流动资产比重增加1.66%。数据表明，纺织服装产业的收款情况有所好转，去库存压力犹存。具体情况如表5-21，图5-22、5-23所示。

表 5-21　2017—2018 年宁波市规上纺织服装产业资产结构指标

指标分析		纺织业	纺织服装、服饰业	化学纤维制造业	合计
资产负债率/%	本年累计	49.16	55.19	75.76	55.30
	上年同期	48.99	54.58	76.87	55.21
	同比±	0.17	0.62	−1.12	0.10
流动资产占总资产比重/%	本年累计	63.92	70.15	62.73	67.11
	上年同期	65.48	72.14	61.26	68.69
	同比±	−1.55	−1.99	1.47	−1.58
应收账款占流动资产比重/%	本年累计	18.67	40.15	17.04	30.46
	上年同期	18.52	42.03	19.01	32.21
	同比±	0.15	−1.88	−1.97	−1.75
产成品占流动资产比重/%	本年累计	9.63	12.94	23.49	12.90
	上年同期	9.41	10.65	20.50	11.24
	同比±	0.22	2.29	3.00	1.66

续表

指标分析		纺织业	纺织服装、服饰业	化学纤维制造业	合计
银行贷款占负债比重/%	本年累计	38.09	26.09	49.27	33.40
	上年同期	39.83	25.25	46.09	32.85
	同比±	-1.73	0.83	3.18	0.55

资料来源：宁波市统计局。

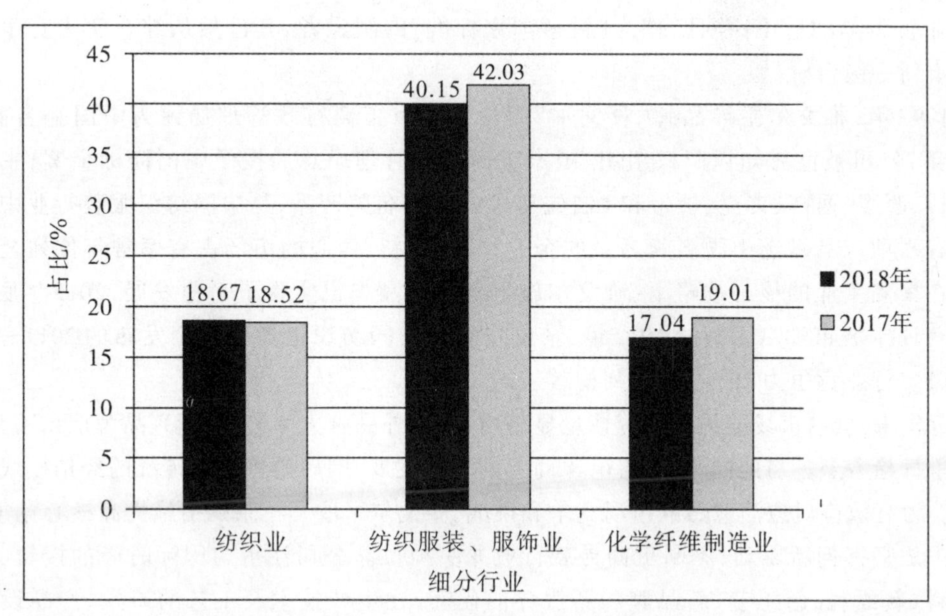

图5-22 2017—2018年宁波市规上纺织服装细分行业应收账款占流动资产比重对比

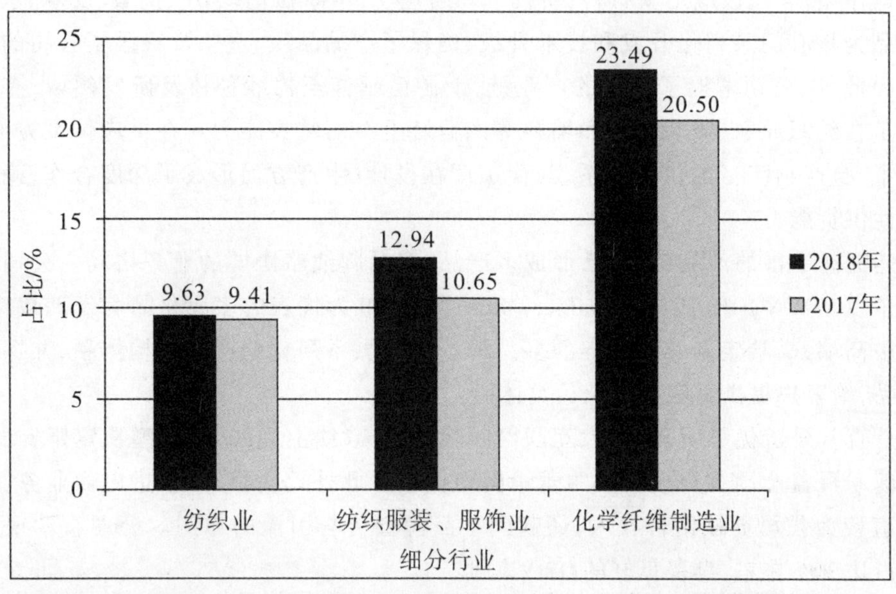

图5-23 2017—2018年宁波市规上纺织服装细分行业产成品占流动资产比重对比

二 当代红帮企业文化

(一)时尚与文化

1. 雅戈尔的品牌战略

品牌服装业务是雅戈尔最具核心竞争力的产业,也是雅戈尔品牌最为重要的载体。多年来,雅戈尔坚持不懈地实施产业转型升级、一体化研发和营销渠道拓展,不断夯实服装行业领头羊的地位;并且,作为"衬衫国家标准"的制定者,其已然从综合实力竞争中率先跃上新一级台阶。

1997年,雅戈尔主导品牌"雅戈尔"商标被国家工商行政管理局评为中国驰名商标;2011年,公司被世界知识产权组织、国家工商行政管理局总局授予中国商标金奖;主导产品衬衫、西服、西裤、夹克、领带和T恤先后入选中国名牌产品,是中国纺织服装行业中唯一一家有六项产品入选中国名牌名录的企业;其中衬衫、西服的市场占有率常年位列全国第一。在聚焦主业的核心战略下,雅戈尔旗下各新兴品牌也实现了平稳发展,2012年底,GY品牌获评宁波市知名商标。2012年,雅戈尔获评中国纺织工业联合会发布的2011—2012年度服装行业竞争力20强,并位列榜首。

近年来,国内市场的男装品牌数量显著增长,国外品牌大举进入,新兴品牌层出不穷,市场竞争日趋激烈。与此同时,随着电子商务的不断发展,网店销售也对传统的经销模式形成冲击。为有效应对愈演愈烈的市场竞争和挑战,雅戈尔采取了一系列措施提高核心竞争力。

一是坚持创新驱动,不断巩固男装行业龙头地位。公司注重与国际时尚的接轨,坚持新材料、新面料、新工艺、新品牌和新服务的创新,在生产技术及工艺的研发、产品设计等方面持续进行资源投入,建立了完整的产品研发和技术创新体系。公司通过小型垂直产业链的运作模式,积极应用新材料、新技术和新理念,不断强化以DP、抗皱、汉麻、水洗等功能性产品为核心的系列化开发和技术升级,确保了产品品质,进一步巩固了公司的行业龙头地位。此外,公司掌握了完整的产业链,上游已延伸至棉纱种植及研发领域,有针对性地强化了在纺织原料、服装面料和辅料等产业链上游的掌控能力。在供应体系方面,公司已形成了"自产+代工"的供应体系,与代工厂在设计、生产方面形成了深度合作,确保了公司的弹性供货能力。

二是拥有丰富的产品结构,已形成多产品、多品牌战略协同的业务格局。公司目前已经形成了以YOUNGOR、Hart Schaffner Marx、MAYOR为代表的多元化品牌发展战略,搭建了横跨中高端、高端定制及汉麻类的多品种、多档次、系列化的产品结构体系,并探索推出童装产品,给客户提供更完善的全品类体验。

三是直营渠道优势明显,亦为互联网时代的O2O(线上到线下)转型奠定坚实的基础。公司构建了覆盖全国且规模庞大的营销网络体系。此外,公司稳步推进电商业务,线上渠道不仅直接为公司贡献销售收入,还起到了品牌宣传与引流的作用。公司直营渠道的销售收入占比90%左右,具备良好的O2O基础。

2018年,为实现"国际化时尚集团"的企业愿景,雅戈尔在多年夯实的全产业链竞争优势基础上，推进“智慧营销”、“智能制造”和“生态科技”三大战略，以产业互联网思维推动企业数字化转型，进一步巩固了产业核心竞争能力。

一是多点多级支撑，推进智慧营销。

重新构筑品牌矩阵：雅戈尔深度研判消费趋势，结合各品牌发展实际，重构品牌矩阵。YOUNGOR延续商务经典的同时，酝酿开发融入YOUNGORLADY（雅戈尔女装）的工坊系列；Hart Schaffner Marx明确高端美式休闲的定位，开拓户外和女装系列；MAYOR深度引入意大利时尚元素，丰富产品品类；HANP加大市场细分，重点开拓袜子、内衣、床上用品、卫浴产品。

O2O全渠道运营落地：雅戈尔加快数字化转型，完成业务中台一期建设，初步实现了线上线下库存打通，全渠道O2O运营落地，实现门店全覆盖。2018年11月，雅戈尔开展“线上线下一个漾”活动，首次尝试“线上推广、线下体验”“线上销售、线下服务”，实现了线上下单、附近门店发货，完成销售收入5.02亿元，同比增幅11.6%。

C2M（用户直连制造）模式创新演进：雅戈尔研发应用3D量体技术，结合产线智能制造推进，实现了3D量体、自动制版、快速交货，并以此实现对会员体型大数据的分析应用，制定“雅戈尔化”板型标准，为新型C2M模式奠定了基础。

大店战略持续推进：雅戈尔持续推进大店战略，关注核心城市核心资源。截至2018年底，雅戈尔的各类网点合计2258家，营业面积41.17万平方米，营销布局更加聚焦。新开大店引入人脸识别、服务机器人、智能语音导购等科技手段，提升消费和服务体验，提升终端运营能力。

全域引流精准营销：2018年，雅戈尔开展了86场会员权益类活动，借助近场引流、数据银行、社群营销等方式，实现公域引流、私域运营。截至2018年底，雅戈尔全品牌会员人数达到563.7万人，会员消费金额34.49亿元，复购率达到64.5%。同时，雅戈尔通过阿里云店、微信小程序等全渠道营销工具，全域连接顾客、导购和门店，打破营销的时空局限，为会员提供离店咨询、离线销售、精准推送、同城配送等增值服务。

二是“四化合一”赋能，加速智能制造。

西服流水线完成智能化改造：以标准化、自动化、信息化和智能化为内核，采用智能全流程吊挂的宁波西服精品流水线成功运行，明显加快了订单流转和反应速度，大幅缩短了生产周期。雅戈尔的生产效率提升25%，大货生产周期从45天缩短到32天，定制周期从15个工作日缩短到5个工作日，并实现了全程数字化管理，智能制造初见成效。

生产基地总体布局基本完成：宁波基地持续推进智能制造和精益生产，向“精品化、定制化”转型；珲春基地作为成本效益中心，产能占比达到86%，规模化生产效益全面显现；云南瑞丽工厂作为战略储备，也在2018年完成筹建和试生产。

三是创新转型升级，发展生态科技。

全产业链发力深化汉麻研发：雅戈尔参股公司宁波汉麻生物科技有限公司于2007年进军汉麻产业，与解放军总后勤部军需装备研究所开展技术合作，推进汉麻应用的工业化和市场化，目前已获得23项、申报14项专利技术，掌握了汉麻纤维新材料在纺织服装中应用的核心科技，并拓展研发汉麻籽、叶在其他领域的综合应用。依托汉麻纤维处理、纺纱、织造、染整、成衣制造的产业链，HANP品牌应用新研发的汉麻粘胶推出家居服饰，针对床品套件开发出新的汉麻混纺面料，深受市场认可。

加大棉纺产业投入创新力度：新疆雅戈尔农业科技股份有限公司持续提升研发能力和技术水平，尝试培育种植棉花新品（阳绒棉），以期提高棉花质素和产量，从而提高成衣品质，稳定面料成本。

持续推进面料工艺深度研发：雅戈尔在成衣制造中强化DP免熨、水洗等工艺的纵向开发，并深度利用国际化资源，与ALUMO、ALBINI、LOROPIANA、ZEGNA、CERRUTI1881等联合研发纱线、面料和独家产品，2018年成功研发铜氨、宾霸、德绒、汉麻粘胶、汉麻真丝混纺等新材料，向市场推出水柔棉T恤、DP衬衫、针织裤等新品，产品附加值提升。

2. 太平鸟的品牌风格

太平鸟品牌以其时尚、优雅、知性、活泼等多元风格，受到许多消费者的喜爱。

太平鸟女装创建于1997年5月，2001年9月23日改组成为宁波太平鸟时尚女装有限公司，为太平鸟集团下属子公司，以设计开发和销售太平鸟时尚女装系列产品为主营业务，目前在全国拥有1700多家门店。

太平鸟女装品牌拥有一大批具有先进的设计理念、时尚的设计风格、敏锐的时尚嗅觉、紧随国际流行趋势的设计师队伍，还有国际超模的倾情代言，使品牌魅力完美呈现。太平鸟女装主要面向18~38岁的都市时尚女性，每一个爱美的女性在太平鸟都可以选到适合自己的服饰。太平鸟时尚女装以打造时尚、经营时尚为主，每季的设计灵感都来源于设计师对美的感受。

知性是现代女性的成熟气质，性感是有魅力女性本能的着装表达，优雅是内心成熟女性自然流露的品位。太平鸟女装正是专为具有优雅气质、充满女性魅力的顾客群体设计的品牌系列。以大方得体的职业风和时尚活泼的清新风为主的太平鸟女装品牌服饰，彰显现代职业女性的成熟知性气质和活泼迷人风采。太平鸟时尚品牌女装可以帮助更多追求美丽与时尚的女性，搭配出适合自己风格的服装，为更多人带来一种与众不同的时尚、欢乐体验。

太平鸟风尚男装是宁波太平鸟风尚男装有限公司旗下品牌，隶属于太平鸟集团。其既是时尚服装品牌，也是专营风尚男装的连锁零售品牌。

太平鸟风尚男装以品牌创新为核心竞争力，强大的设计团队为品牌可持续发展提供了强有力的保障。太平鸟风尚男装以做“中国第一时尚男装品牌”为目标，致力于打造顶尖时尚潮流，寻求更贴近当下年轻人的视角，以青年亚文化为线索，为品牌注入年轻时髦态度，更是通过一系列令人惊喜的跨界合作激发灵感，带来独属于风尚男装自己的潮流解读。太平鸟男装拥有超过1500家网点，定位于年龄23~28岁的都市时尚潮流男士，以26~27岁为核心消费层。产品系列分为“斯文COLLECTION”、“生活CASUAL”两大系列和“跨界合作AMAZING PEACE”。COLLECTION系列以高级剪裁为代表，倾力打造“自信”的男性形象；CASUAL系列以多种时尚元素融合，热衷于表达“自由”的男性形象。

作为中国顶尖时尚品牌之一，太平鸟风尚男装坚持“活出我的闪耀”的品牌精髓，致力于让更多年轻人“发现新的自我”，通过产品塑造意在表达一种“自信、自由/Confident、Liberty”，敢于追求潮流的男性形象。“LIVE YOUR LIFE,LIVE YOUR DREAM”（过着你的生活，活着你的梦想）是80后男性的生活追求，自信、自由和激情是他们生活的写照，亦是他们对时尚的态度。可以说风尚男装独特的定位主张把“自信、自由、激情”演绎得淋漓尽致。更加符合亚洲人体型的板型设计和更具舒适性的面料，更具人性化、独创性的裁剪工艺，使得风尚男装在同类品牌中张力十足。

3. 罗蒙的品牌文化

罗蒙始创于1978年，是首届中国服装十大品牌之一。作为服装行业的龙头企业，罗蒙一贯坚信品牌是企业的核心竞争力，是企业特色的旗帜，也是企业文化的凝聚。罗蒙品牌内涵深厚，作为红帮裁缝的传承者，继承了其深厚的文化内涵和精湛的技术，在祖辈精湛技艺的基础上结合现代科技，糅合东西方文化，诠释东方文化的含蓄与儒雅、严谨与经典。

罗蒙作为中国服装界最具规模性、时尚性和竞争力的领导型企业集团，先后被评选为国家级“守合同重信用企业”、“中国民营企业500强”、“中国制造企业500强”，主导产品罗蒙西服历年来综合市场占有率全国名列前茅。“罗蒙”品牌获得“中国驰名商标”、“中国名牌产品”、“国家质量免检产品”及“中国西服行业标志性品牌”等荣誉称号，且为美国、法国、意大利、俄罗斯、日本等20多个国家的注册商标。

风雨兼程四十多年的罗蒙集团，通过罗蒙人的艰苦奋斗、改革创新，得到了稳步快速发展，并发生三大巨变：其一为资本积累，从2万元起家到拥有固定资产50多亿元；其二为品牌建设，从一个加工型企业到创建成国际知名品牌；其三为体制改造，从一个乡镇企业转换成现代化大型股份制企业集团。期间罗蒙的发展大体三个阶段：

第一阶段：初创时期（1978—1990年）。1978年改革开放的春风带来创业机遇，罗蒙艰苦创业，聘请红帮传人余元芳、董龙清、陆成法为技术顾问，传承红帮工艺，以精湛工艺品质占领上海滩。

第二阶段：发展时期（1991—1998年）。这一阶段罗蒙引进国外先进技术，合资合作，实现中国传统技术与世界先进技术、现代化工业管理一体化，成为全国著名的品牌，企业规模进一步扩大。

第三阶段：提升时期（1998年至今）。这是罗蒙从全国知名服装企业提升为全国服装业领导型企业，向中国最大最强的服装企业进军的阶段，也是大力实施国际化经营的阶段。这个阶段罗蒙实现了企业体制的转换，同时，实施“多品牌经营”“多元化发展”战略，进一步扩大企业规模，提高国际化经营水平。

“创世界名牌，走国际化”，实行“多品牌经营”“多元化发展”是罗蒙集团的一大战略，集团旗下拥有罗蒙、喜丽美狮、步云等服装品牌。罗蒙集团通过罗蒙品牌OEM模式（定点生产，俗称代工）与国际大企业集团强强合作，加快国际化步伐，进而跻身世界著名服装品牌企业的行列。

现在的罗蒙，以“服装艺术家”为定位，加大品牌对外推广力度，增加电视及网络媒体宣传力度，扩大平面媒体覆盖面，继续做好名牌战略工作，努力争创世界名牌。罗蒙在以高投入、高技术打造服装制造基地的同时，用“创新”、“质量”、“文化”与“学习”为品牌支撑点，致力建设营销网络体系，在全国以加盟、自营等形式开设专卖店、商场专柜、展厅等上千家。罗蒙立志扛起“中国质造”的大旗，以“成衣+定制”两条战线向着更年轻、更时尚的道路阔步走，不断焕发新活力，唤起国民对男装的时尚态度的认知，与以时尚品质为引擎的品牌时代不谋而合。罗蒙品牌不断创新发展，结合自身优势和市场发展动态，开启新零售时代。罗蒙新零售根据产品风格可以细分为以正装为主的雅致正装系列，以休闲装为主的都市生活系列和以贴近最新国际时尚流行元素为主的轻潮风尚系列。一家家全新的罗蒙新零售店正在陆陆续续在全国缤纷绽放。

在罗蒙，每一件作品都追求精致完美，一针一线、一领一袋、一扣一袖都流露出传承的精巧技艺和赏心悦目的艺术品位。这就是罗蒙的品牌文化——细节中，见真章！

2016年，在男士西装市场一直位居前三的罗蒙服饰，凝聚民族服饰文化经典，借助已有的品牌资源，在传承红帮裁缝技艺的基础上，引进300多套国际一流智能化精品西服制造装备，不断开发出不同设计风格、适用不同场合的系列产品，全面提升罗蒙品牌、产品。罗蒙凭借"缝制精细、设计时尚、穿着舒适"的优点，赢得了国内外广大消费者的青睐。

2018年5月，2018(第五届)中国品牌影响力评价成果发布活动在北京举行，罗蒙品牌强势入选"2018中国品牌影响力职业装定制首选品牌"和"2018中国品牌商业加盟年度最具投资价值金奖"双榜。2018年12月，罗蒙被评为国家工信部、中国纺织工业联合会重点跟踪培育品牌。2020年4月，由中国商业联合会、中华全国商业信息中心联合主办的2020(第二十八届)中国市场商品销售统计结果新闻发布会在北京隆重召开，罗蒙持续领跑市场，逆势飞扬，荣获"市场销售领先品牌"，彰显品牌魅力。

罗蒙，作为红帮的传人，传承了祖辈的精湛技艺，并与现代科技结合，在东西方文化的交融中，诠释着新一代的红帮文化。罗蒙这个纯粹的国民品牌，融入了中国改革开放以来的巨大变化，也沉淀了中国裁缝数千年的历史底蕴与中国近代开始的关于西服的技艺，已然缔造出一个西服王国，走出了属于自己的国民西服品牌道路。

(二)道德与责任

1. 培罗成的诚信文化

"襟怀坦白，一诺千金"，这是培罗成集团总经理陆信国做人的理念，也是培罗成人做人的道德标杆。这句话体现在企业文化上，就是讲诚信、守信用。正是诚信经营，使培罗成连年被宁波资信评估委员会评为AAA级资信企业；正是诚信经营，使培罗成公司从一家小型企业发展为纳税贡献先进单位，并成为中国西服著名品牌，名列服装行业双百强。

阿基米德有句名言："给我一个支点，我可以撬动整个地球。"对于企业来说，这个极具效能的支点就是"诚信"。一直希望走在中国男装品牌前列的培罗成，通过全方位的诚信经营，运用这个极具效能的"诚信"支点，使一个仅靠千元起家的加工服装厂蜕变为拥有中国驰名商标的知名品牌。正是"诚信"扛起了培罗成的品牌大旗。

古人说"人无信不立，业无信不兴"，诚信经营是企业的重要竞争力。培罗成素以品牌美德塑造人，无时无刻不在注重和追求商业规范和品行。从当年史利英"做事之前先做人"的公司行业规范，到如今陆信国的"诚信"服务之道，商业道德时时体现在品牌文化之中。把现代经济的时尚内涵和消费心理与服务的真诚原则结合起来，不仅使如今的培罗成有很高的美誉度，而且积累了很高的信用度。

培罗成对诚信的坚守是全方位的。

一是诚信于顾客。顾客是上帝，也是评判企业诚信水平的法官。诚信于顾客，就必须向顾客提供物价相等的产品、温馨舒适的购物环境、优良高质的全程服务，使他们在消费时感到物有所值、物超所值。为保障消费者权益，培罗成建立了质量售后服务跟踪体系，并率先在同行业中通过了ISO9002质量体系认证。1995年，培罗成做起了“一对一”量体裁衣职业装，每一件衣服都由专业人员上门对衣主进行测量。现在培罗成已建立起最具特色的量体裁衣等品牌专业服务管理体系，在现有专卖网络中，在专业团体服装业务中，尤其在各个区域性专卖旗舰店中，都设有量身定制服务。公司有一支100多人的量体服务技术队，这支队伍曾去过拉萨，到过尼泊尔边境的山区，经历过最艰苦的环境，是一支经受得住磨炼的队伍，也是培罗成的技术骨干，再远的业务距离、再多层的业务关系，他们都会进行面对面的诚信服务。

二是诚信于合作伙伴。在培罗成，不仅要对每一个普通的消费者诚实守信，对大大小小的合作伙伴也要诚实守信，同时还要尊重对方，把严质量关。市场经济其实是信用经济，企业只有以诚信为本才能获得各方面的支持。正是由于诚信重诺，培罗成在1994年改制的时候才得到了鄞县信用联社下应办事处的全力支持，使培罗成免除了资金方面的后顾之忧。所以对于培罗成来说，信用就是资本，而且是一笔极有价值的无形资产。这么多年来，培罗成与合作方从来没有发生过一起违约事件，为公司按国际标准化管理打下了坚实的基础。

三是诚信于员工。员工是企业的财富，就培罗成内部而言，诚信经营首先就体现在企业与员工之间利益关系的均衡性上。具体地讲，就是体现在企业对员工的收入、福利待遇及企业文化等诸方面要求的满足上。培罗成早在1994年就办起了培罗成幼儿园，为职工子女入托解决了后顾之忧；曾先后三次出资为职工建造住宅，供职工以优惠价购买，解决了职工住房难问题；2001年又建起了可容纳上千人同时就餐的宽敞明亮的职工食堂，为职工提供了良好的用餐环境；等等。正是公司以诚待人的态度，大大提高了员工的凝聚力和创造力，员工也以主人翁的态度对待企业。服装业的季节性加班现象非常突出，加上近年来生产任务饱和，为了赶交货期，职工经常要加班加点，但是为了企业的利益，他们毫无怨言，把工作放到了第一位。员工的敬业精神与企业的以诚相待是分不开的。

四是诚信于社会。企业是大树，社会是沃壤，企业的壮大离不开社会的滋养。因此企业理应饮水思源，诚信于社会，重视企业社会责任。现在有些企业为富不仁，见利忘义，对他人没有同情心，对社会没有责任感，这样的企业必将被历史的浪潮所淘汰。而有些企业却能牢记“达则兼济天下”的古训，把“奉献事业、造福人民、回报社会”当作企业的核心价值理念，做有道德的企业。培罗成便是这样的一个企业。它在获取利润的同时，总是以一颗感恩的心回馈社会，热心于社会公益事业，在公益上的投入已达数千万元。培罗成对企业责任的承担方式体现了新红帮的优秀特质，代表了新红帮的主流，向社会传递的是一种正能量。

2. 博洋的幸福文化

博洋家纺作为家纺行业的领导品牌，一直秉承幸福文化。博洋家纺深信，有幸福的员工，才能拥有幸福的文化，才能把幸福传递给千家万户。在博洋企业里，每一位员工都可以感觉到这种润物细无声的幸福。

三八妇女节，博洋家纺的女员工们都能收到一份浪漫的礼物，如DIOR香水，让她们明白自己是美丽的代言人和时尚的引领者。

母亲节，博洋家纺员工的母亲都能收到一份公司为她们准备的高档套件及祝福卡片，公司代表忙碌中的员工向他们的母亲表达了一份最好的孝心,因为公司认为员工父母应该体验子女们制造的产品。

端午节,女员工们做起了女红,自制香袋赠同事,体验、弘扬民族风俗文化的同时,也传递出同事间的和睦友好和浓浓情意。

员工生日会收到一张写满祝福的贺卡,上面有每一位同事亲笔写下的祝福和心意。另外,公司还会为当月过生日的员工组织一次旅游,让同事间有更多的交流、互动,在幸福中学会感恩。

针对公司外地员工多的情况,为了让他们了解宁波,爱在宁波,公司会在宁波周边组织各种放松心情的郊游,如"放飞心情,感受幸福,博洋家纺集体东钱湖欢乐游"活动。

公司始终将员工的健康放在首位,定期组织体检,也让员工关注自己的健康。

发放员工结婚大礼包。博洋家纺制造的是幸福的产品,传递的也是幸福的生活方式。博洋的每一位新婚员工都可以获得高端品质的博洋家纺产品,既体验幸福产品,又学会用心经营幸福。

组织新员工参加观影活动,让员工之间有一种良好的生活和工作互动,让新员工更快融入博洋这个幸福的大家庭。

实施内部竞聘。博洋家纺帮助每一位员工进行良好的职业规划,提供晋升机会,有很多管理人员就是从内部竞选中晋升上来的。博洋给予所有人一个事业发展的舞台,员工们特别珍惜这个机会,也更加努力地创造价值,并对未来充满期待。

24小时回复的执行文化和首问责任制度的服务文化,是博洋人在幸福文化大环境下的工作准则,体现了博洋人兢兢业业、认真执着的工作作风。

开展幸福使者征集活动,通过微博、微信、杂志等媒介征集幸福使者,让博洋人、博洋顾客、博洋的关注者一起传递幸福,感受幸福。

以上这些都是博洋家纺幸福文化的重要组成部分。将幸福文化建设融进员工的意识,让员工参与体验的同时将幸福文化传递出去,是博洋的使命,每一个博洋人都是幸福的使者。幸福文化是博洋家纺企业文化的核心文化,也是以人为本价值理念的最好体现。

3. 维科的和谐文化

维科集团是由国企改制而来的,前身为1905年创办的宁波和丰纱厂,深厚的历史底蕴和新时代的物质文明的融合让维科对建设和谐企业文化有了新的认识,意识到这不仅是构建社会主义和谐社会的需要,也是企业不断发展的需要。

职工群众是构建和谐企业的主力军,也是建设和谐企业的受益者。因此,建立长期、公开的信息交流通道,收集职工意见,维护职工合法权益,关心职工生活,做好暖人心、稳人心、得人心的工作,为职工办实事、做好事、解难事,是建设和谐企业一个不可忽视的环节。在这方面维科公司采取了一系列措施。例如,办好职工医疗互助保险、女职工安康保险,落实职工住院互助等工作;将每年的3月5日定为"维科爱心捐款日",设立帮困扶贫基金,对困难职工开展爱心一日捐、发放困难补助金等送温暖活动。为进一步落实职工知情权,公司规范公示制度,扩大事务公开范围。为充分保障职工的民主权利,公司设置了员工意见箱,鼓励职工提出合理化建议;建立以外来务工人员为主体的意见反馈联络员队伍,使之充分发挥企业与员工间的桥梁作用。

先进的企业文化是构建和谐企业的强大精神支撑，把企业建设成为人际关系融洽、充满友爱、团结协作、蓬勃向上的和谐企业是构建和谐企业的重要内容。

维科集团旗下生产企业的员工70%以上为外来人员，在做好和谐企业创建工作、为企业外来员工营造和谐舒适的生活环境方面，维科不断探索、优化，具体做法有：加强领导，成立由各企业书记、工会主席组成的园区管委会，建造平安园区；有的放矢解决问题，制定各种规章制度来规范员工行为；通过好人好事宣传、法制安全教育来引导员工遵纪守法；积极改善环境条件，在职工生活区开辟休闲区，增置健身设施，建造篮球场、乒乓室、阅览室、电视室、超市等；扩大生活服务范围，让职工体会到家的感觉。此外，维科以"温馨家园"创建活动为载体，通过正确的舆论来引导，体现企业的人本文化。例如，在《维科报》、《中国维科》、维科网"一报一刊一网"的舆论宣传阵地上设立员工信箱，为员工提供交流感情的平台；每年进行两次大的评比活动，评选维科功臣、维科精英、维维科标兵、科优秀管理人员等，以榜样的力量促进企业精神的传递与发扬。

维科每年还会举办一系列的文艺、体育、娱乐、竞赛、教育类活动，以丰富多彩的文化活动来融洽企业氛围，增进员工感情。维科每两年举办一次大型的、全集团范围的职工运动会，通过体育竞技加强协作、促进竞争，让员工以健康向上的姿态迎接各方面的挑战。每逢元旦、劳动节、国庆节等重大节日，维科都会组织大型游园活动，通过各种文艺节目、游乐项目、趣味比赛等活动，舒缓员工身心，增进员工交流。公司每年还会举办各类迎新晚会、先进表彰大会、知识竞赛、拓展训练、歌咏大赛等活动，加强集团企业文化的建设与宣导，如开展"学习贯彻《维科纲要》"知识竞赛、"品牌在我身边"知识竞赛等。

以上列举的内容都是维科和谐文化的重要组成部分。维科致力于让和谐企业建设融进员工的意识，让员工在参与和体验的同时将和谐文化传递出去。当维科员工一次次唱响《维科之歌》时，正是维科精神的彰显，是维科企业文化的弘扬，激扬着维科人共创伟业的雄心壮志。

（三）学习与创新

1. 学习型组织太平鸟

"学习型组织——五项修炼"是当代管理大师彼得·圣吉推出的一套完整的新型企业管理方法，被称为"21世纪的管理圣经"。他提出了"五项修炼"：一是自我超越，二是改善心智模式，三是建立共同愿景，四是团队学习，五是系统思考。所谓学习型组织就是把学习者与工作系统地、持续地结合起来，以支持组织在个人、工作团队及整个组织系统这三个不同层次上的发展。

宁波的纺织服装企业以民营企业为主，而建立学习型组织对于民营纺织服装企业而言尤为重要。目前，国际国内市场风云变幻，服装设计理念、制造技术日新月异，企业生存压力非常大，如果企业不善于学习，不善于跟随环境变化，就会被淘汰。一个有效的应对之策就是建立学习型组织，培养人的学习能力，并使之自觉地学习。每一个员工要将学习和工作融合在一起，作为企业文化奠基者的企业家，更要不断地提高自己的学习能力，改善自己的知识结构、工作作风和思想观念，这对带动企业的发展具有重要意义。

太平鸟非常重视创建学习型组织，培育有创新能力的文化型企业。基于"当前企业的竞争是文化的竞争,文化的竞争是知识和创新能力的竞争”思想,集团专门成立了太平鸟知识经济教育中心,全面加强企业的学习和培训工作。如开设午间电教课堂,安排新经济和现代管理教育课程讲座;各公司分别制定并实施营销、设计、生产管理、店务等专项培训计划,对员工定期进行业务培训;每年组织一次为期一周的中高层管理人员集中培训活动;主管以上业务管理人员年终考核除上交工作总结外,还要提交一篇创新管理业务小论文作为考核依据。这些做法在企业内营造了一种“在工作中学习、在学习中工作”的良好氛围。

为加强领导班子的思想理论建设,提高知识创新能力,太平鸟集团还建立了领导班子务虚学习会制度,定期(一般一月一次)以各种方式讨论交流经济政治形势,学习国家重要经济政策,研讨有关发展和创新思路;建立理论知识资料传阅制度,规定从董事长开始,每个领导班子成员每年至少给员工做一次学术报告或专题讲座;建立战略管理委员会,以领导班子为核心,包括有关负责人和专业人才,定期开展战略发展的研究、讨论活动。

太平鸟虽然不是国企,更不是中央直属企业,但对思想政治的宣传教育和学习培训却极为重视。很多民营企业在党建工作这一块十分薄弱,部分党员党性观念不强,只追求经济利益,群众对党有一定的疏远感甚至隔膜感。为了避免出现这种情况,太平鸟集团特别突出强调企业在党建方面的宣传、学习、培训工作。一是探索建立了集团党校。几年来,集团党校以党员、入党积极分子和主管以上干部为重点,面向全体员工开展规范的党课教学,坚持做到“一月一课、一月一册、一月一测、半年一次集训”,积极宣传党的路线、方针、政策,讲授党的基本知识、基本理论,教育员工树立坚定的政治信念,爱岗敬业,遵纪守法,勇于进取。二是针对时事热点开展生动活泼的座谈会、讨论会。三是构建宣传阵地网络,在企业报、企业网、企业宣传栏中,开辟党建和政治思想工作专栏,用精彩的内容和生动活泼的形式吸引广大员工踊跃参加党课学习和研讨活动。通过学习培训,员工的政治思想素质和职业道德素质有了很大的提高。

2. 创新型组织博洋

作为家纺概念的提出者和国内家纺市场的开拓者,博洋集团不仅做大了家纺品牌,还创造了一个规模庞大的服饰品牌军团。1994年,博洋集团在国内率先提出“家纺”概念,并以自主品牌的身份进入国内市场,从而也带动中国纺织行业协会在1995年全面导入“家纺”这个行业名称。家纺和服饰一直是博洋的核心产业,品牌化经营则是博洋发展的最主要战略。集团在家纺板块管理运营博洋、艾维、棉朵、乐加、博洋宝贝、喜布诺、BEYOND1958等品牌,在服饰板块管理运营唐狮、艾夫斯、果壳、德玛纳、涉趣、YSO等多个知名自主品牌,其中“博洋”和“唐狮”先后多次入选“中国500最具价值品牌”,品牌价值逾150亿元。

博洋坚持走自己熟悉的纺织品类、服饰类的品牌之路,哪怕是后来多元化经营涉足的各项投资领域也是围绕品牌经营的上、下游产业,为企业品牌的长远发展规避风险。博洋是专注的,并且善于研究行业发展的新模式,积极探索企业的创新发展之路。

其一是品牌创新,实施多品牌战略。

博洋的多品牌战略是基于需求的多样性而发展的。原因很简单:不同的人,在不同时间、地点,希望选择不同的产品。不同消费能力、不同教育背景的人群有不同的价值观念、不同的生活方式,导致了需求和价值判断的千差万别。这种同一产业存在不同细分市场的现实为多品牌战略奠定了基础。

博洋在服饰领域推出的6个品牌，以不同的定位，横向、纵向地覆盖整个市场，而不是仅仅以高、中、低档3个品牌介入，并且未来将有更多的品牌推出，充分地占领服饰行业细分市场。

在家纺领域，博洋旗下的“博洋”品牌代表的是最大众的高品质、多样化、中等价位的家纺品牌；“棉朵”则以自然花卉为基本元素，满足的是对浪漫、田园风格的消费需求；“喜布诺”代表的是高品质的专业睡眠用品，是时尚、简约风格和更人性化的中高端产品；“艾维”则是满足标准化、多样化，面向商场和超市的家纺类品牌。

其二是经营创新，立志做服装业的“可口可乐”。

在宁波这个服装大市，博洋旗下的唐狮品牌能够迅速崛起，再次印证了创新对于一个品牌有多么重要。

唐狮给宁波服装业带来的创新是革命性的：它的虚拟化经营彻底摆脱了传统服装企业高投资、高风险、低效率的老路子；它的全面特许加盟形式最大限度地发挥了社会经营力量的作用，也让加盟商有最佳效益；它给职业品牌经理人以良好的创业氛围，使服装职业人才在宁波开始集聚。

唐狮的规模经营可以用几个简单的数字来说明：目前，唐狮有近3000家专卖店、专厅覆盖全国32个省级行政单位，年销售30多亿元，年销量突破2000万件，位居宁波服饰企业销量榜首。唐狮的目标是做中国服装业的“可口可乐”。

其三是管理创新，保证品牌有序高效运作。

随着品牌与子公司的增多，博洋集团也面临着挑战。为防止出现职责不分、品牌界线模糊、形象混乱甚至品牌资产流失的情况，博洋适时进行企业变革，为适应品牌长远的成长战略建立了相应的职能机构。品牌公司被视为独立的事业体，负责品牌的拓展与正常的运转；采购平台掌握充足的社会资源，为各品牌提供服务；信息中心通过不断的技术创新，承担企业运营的数字化服务，提高企业的决策速度；品牌运管部门则对品牌的定位、形象体系以及品牌推广进行监督与管理。合理的组织构架保证了品牌有序、高效运作。

对于博洋旗下的每个子品牌来说，其背后有一个大型的成功母体，这个母体的核心是“博洋文化”。博洋文化不是由某个品牌战略公司来提炼赋予的，而是这些年来在博洋创始人及一批核心管理人员的影响下建立的一种取得上下共识的价值观——“和亲一致，创新进取”。博洋强调亲和、友善，倡导快乐、融洽的工作环境，认为每份工作都应被尊重，尊重员工的工作业绩与个人的创造能力，鼓励思索与创新。博洋文化鼓励创业，也积极提供创业平台。富有活力的企业文化为品牌提供了精神动力。

其四是商业创新，打造品牌商业新模式。

在宁波，一场由工业资本向商业资本渗透的经营变革早已兴起。从2004年开始，博洋集团独创性地提出了品牌商业经营思路，斥资数亿元并购、新建大型百货商场，还以管理输出的模式间接控制商业终端，开始了进军百货业的计划。

博洋进军百货业主要基于两点考虑：一是利用这些终端市场巩固和开拓博洋已有的家纺、服装系列品牌的市场空间，开拓二线城市和乡镇市场；二是利用传统百货业升级和变革的机会，打造博洋独有的品牌商业模式。博洋正在实施一项品牌商业模式计划，用于整合和改造传统百货业。按照计划，博洋收购、整合或新建的每一个大型商场都将成为一个个性化的品牌商场，强调差异化经营。博洋根据每个商场所在城市的特点和需求，设立独立品牌，而不是搞基本类似的连锁商业。目前除已经开业的几家大型百货商场外，博洋还将建设和拥有更多的大型百货商场。

3. 创意型组织金鸟服饰

"一把金剪刀，千万翰林鸟——金鸟，做中国校服第一品牌！"宁波金鸟服饰有限公司创立于2007年，自成立以来，一直秉持"诚信经营、道德经商、缔造经典，追求完美"的经营宗旨，经过多年的努力经营和坚持不懈，在行业内积累了良好的口碑，同时也赢得了客户的信赖。2013年进入校服市场以来，金鸟一直专注于校服设计和生产。金鸟不只是将校服视为一款产品，更是将其作为一种文化和传承。

金鸟本着做好每一件校服的初心，时刻牢记神圣的使命和职责，专注于生产高品质的校服，用最好的材料做极致产品。"一针一线打造精品，一言一行塑造品牌"，公司始终将品质与服务放在首位，注重团队打造，鼓励员工学习，用规范管理塑造团队；引导并协助校方建设校服文化，用科技和时尚打造校园影响力；通过全方位优质服务提升中国学生的校服品质，为中国的教育事业、校园文化建设添砖加瓦。

金鸟一贯注重服饰创意研发团队的建设，深信只有凭借优秀的设计才能赢得更多客户的青睐。从高端职业装到特定行业制服，从企事业单位工装到各优秀中小学校服，金鸟一直致力于团体服饰的开发设计与生产销售。同时，他们认为，只有将各行业的精神文化融入团体服饰里，才能展现各行业的内在精神，才能体现出该行业从业人员的精气神，文化内涵的传达和服装款式的创新及穿着的舒适度一样重要。

金鸟为了将实用性与美观性相结合，可谓是"用心良苦"。在服装款式设计上，金鸟一直坚持自己独特的版式风格，设计的造型线条贴合人体曲线，不仅大大优化了修身效果，更有助于提升穿着的舒适度。此外，好设计更需要有好工艺，这样才能出好产品，金鸟拥有国际领先的生产流水线，凭借精湛的技术、先进的设备、严格的管理，实现了工厂的高效能生产。

金鸟公司凭借着良好的行业口碑、强大的设计研发能力、体系化的管理、高效的生产，被评为全国学生装生产服务先进企业，金鸟商标获首批全国校服知名品牌，公司多年来赢得了不少荣誉。公司2012年荣获宁波市首届中小学校服(学生服)展示评比活动特等奖、一等奖，2013年荣获首届"华银联合杯"全国学生装设计大赛多个设计优秀奖和展示金奖，2015年荣获首届宁波市学生服设计大赛小学组金奖及教育部"2015最美校服"奖，2016年荣获"2016中国校服(学生装)设计大赛"两个二等奖，2017年荣获"2017中国校服·园服设计大赛"一个特等奖、两个一等奖、两个二等奖，2017年度中国校服行业十大品牌排行榜第二名，2017"我心目中的宁波品牌"评选活动金口碑奖。

以上这些不仅是荣誉更是鞭策，金鸟不断完善自我、提升自我，从产品面料开发，到线上线下销售服务环节，一直在不断创新，还在绍兴文理学院设立了金鸟奖学金，培养更多的服装人才。金鸟重点着力于校园服饰的设计生产，向中国优秀的校园服饰生产企业迈进，做中国校服第一品牌。

第六章 红帮文化的当代价值

一 工匠精神培育价值

(一)红帮裁缝的大工匠意识

红帮裁缝成为国家级工匠群体之后,在长期的制衣实践中逐渐产生一些新的理性认识,进而产生一些新的概念、语言(表达方式),终而形成特有的工匠意识。其后,又用这种意识指导、影响群体的职业活动,使之具有明确的预期性、方向性、目的性。工匠意识在这样的实践中得到深化、提升。我们对其做如下初步概括:

1. 惟新为大意识

这是红帮裁缝的主导意识,是浩浩荡荡的时代大潮孕育了这种意识。这种意识是红帮发展、壮大和一切成就的奠基之石。

以中山装为例,新技术、新工艺的层出不穷,带来了中山装款式的不断改革、创新。孙中山先生穿过的中山装,至少有7种款式、样式。1956年8月,上海红帮名店集体迁到北京之后,红帮的工匠意识提升到了一个新的高度。他们根据毛泽东主席体形的特点,将中山装加以改革,将原先较小的翻领加阔加长,改作尖型大翻领,前后襟都加阔一些,后襟加长一点,肩部则稍窄一点,中腰稍凹一点,袖笼提高一点;采用银灰、深灰色两种面料。毛主席在重大活动中均穿这款中山装,引起全世界的广泛关注和推崇。至新中国成立60周年大庆时,胡锦涛主席国庆阅兵穿的中山装又有创新:领子加宽了,4个口袋压了黏胶,下摆亦做了特殊工艺处理,使他抬臂、挥手时领角两边始终保持同一高度。习近平主席2014年3月应邀访欧,在重要场合有时穿西服,有时穿中山装。在出席荷兰国王、比利时国王为他举行的盛大晚宴时,他穿的都是有很多方面创新的中山装:领子改作立领,领口微开,上衣3个口袋改为暗袋,上衣排扣采用暗扣,并有装饰性暗花纹,还运用了其他一些新工艺。这款创新的中山装引起了广泛而深刻的关注,成为彰显中国文化的闪亮名片。

对于西服,红帮工匠们不是照搬照抄,而是创新式引进,使之适合中国人的审美要求、衣着习惯、民族性格。海派西服就是代表。西方的西服要求紧贴身体,体现西方人的人体特点,显现躯体曲线。海派西服则总体上较为舒展、宽松,既讲求适体、美体,还要求健体,在外衣与内衣、身体之间保有适当空隙,使空气得以流通,符合保健要求,也使着装者活动自如,不受束缚、牵扯。这样的西服穿上之后,便能体现中国人的雍容、大方、高雅。

改革后的旗袍也是一样,大概每10多年就有一次大的创新。改革开放之后,旗袍的创新步伐就更快了。

2. 积微成著意识

红帮工匠们踏石留印,抓铁留痕,在制衣实践中一步一个脚印,随后又不断回首每个坚实的脚印，用心思考，善于总结、概括。这种活动人人参与，集思广益，相互启发，终于积微成著，提炼出制衣技术、技能、工艺的系统性诀窍，红帮巨擘戴祖贻先生称之为“经典要诀”。在制衣总体要素方面，红帮工匠概括出“四功”，指制衣操作过程中必备的四大功夫，刀功、车功、手功、烫功，每功下面又有细功若干。如手工，是指制衣中必须用手工缝制的部位的功夫。手工又有14种工艺手法，用于衣服的不同部位。刀功，即剪刀功夫，不但概括出剪刀操作方面的功夫，而且总结了裁剪中必须掌握的技能、技巧。烫功又有推、归、拨、压等手法的奥妙，使衣服达到审美要求。车功即使用缝纫机的功夫。西方裁缝制作西服，原来只用手工，红帮工匠将手工与机械结合起来使用，不但提高了效率，而且使衣服达到现代美感，所以缝纫机的使用及其技巧，亦成为红帮工匠必备的功夫。“九势”，是指服装的9个部位的造型必须和人体9个部位的曲面相吻合。这是对制衣工艺的精微要求，使衣服与人一体化。比如，窝势要求衣服边缘要向人体自然卷曲，弯势要求衣袖向前弯曲弧度自然、顺畅。“十六字诀”，是对成衣工艺技术效果的16种描述，各有侧重点。有的是对着装者着装后的感受的描述，如“松”“轻”，是指舒适，灵便、伸展自如。“活”是指成衣的线条要活泼、灵动，是要求服装人性化，达到衣人合一的境界。就是说在红帮工匠心目中，衣服应该是生命鲜活的，有助于体现人的生命活力。“四功”“九势”“十六字诀”及其下面的一些细目，是红帮百年制衣技艺和心血凝聚而成的，其内容与方法都值得继承、弘扬、创新。

3. 坚守意识

精意如一，没有恶杂之念，绝不东张西望，始终坚守本业，也就是当今大国工匠所说的“一生只做一件事、做好一件事”。红帮工匠们的这种敬业意识往往达到登峰造极的地步。试举几例如下：

被誉为红帮一代宗师的顾天云先是东渡日本实习、考察，几年后又去欧洲追本溯源，探寻西服发生、发展之路，访问了很多名店、名师，搜罗了大量图文资料，潜心研究西服科技、工艺、文化。1923年回国后，他一边经营西服店，一边精心编撰《西服裁剪指南》。作为一个小业主，为什么要花十年时间编撰这么一本书？因为他忧心如焚！在此书绪论中，他指陈了中国服装业的保守、落后，提出了服装业的改革之路。就是说，这是一部忧国忧民之作，是呼吁中国服装业改革之作。

顾天云没有空发高论，而是脚踏实地，身体力行。他以此书为教材，通过多种方式、形式，培养了一批又一批接班人。这些人后来都成为中国现代服装业的栋梁之材。顾天云最终在为服装事业奔波的途中猝死于日本东京火车站。对于中国服装业，他做到了鞠躬尽瘁，死而后已！

再说包昌法，他从到上海祥生雨衣厂当学徒开始，就迷上了服装业，几十年如一日，心无旁骛，刻苦钻研，陆陆续续出版发行的服装相关的通俗读物、学术专著多达40种，发表的文章达200余篇。他如今已是80多岁的老人，但依然不改初衷，为中国服装业的发展、创新笔耕不辍，仍会有新作问世。

再说红帮第六代传人江继明。他幼年在外婆、母亲的影响下，对服装产生了强烈兴趣，13岁去上海做学徒，其后转益多师，最后拜红帮名师、“西服状元”陆成法为师，学业猛进。他一生都在服装业中奋进，除了制衣，还独立创办红帮研究所，又在服装专业学校执教；同时，致力于服装技术、工艺研究，出版著作。尤其令人关注的是，江继明自20世纪70

年代起,先后取得发明成果10多种。其中获国家发明专利证书的就有6种,服装折纸打样法、衣领简便验算法等影响尤著。他以80多岁的高龄,仍然坚守在服装技艺改革、创新的岗位上。从1994年起,人民日报曾5次报道他的有关活动与贡献,中央电视台、光明日报、中国服饰报、中国纺织报等传媒也多次报道他的贡献。

像这样的坚守者还有很多,海派西服的主创者楼景康、被香港媒体誉为"裁神"的蒋家埜、模范商人王才运、红都服装公司两任名动京城的经理余元芳和王庭淼、攀登服装理论高峰的戴永甫、国际大裁缝戴祖贻等,都有精彩的人生故事。

在红帮百年历程中,涌现出许多世家。他们世代坚守本业,与时俱进,在全国、世界各地历尽艰辛,创立了很多红帮名店。这样的裁缝望族也是不胜枚举的。"红帮第一村"——孙家漕村,就有张氏家族、孙氏家族、陈氏家族;与之毗邻的奉化亦复如此,王氏家族、江氏家族等,都是功业卓著的裁缝望族,著名的荣昌祥、创店很早的和昌号,就分别是王氏、江氏家族创立的。宁波所属各地均有裁缝家族。早年,他们以血缘关系为纽带协力创业,事业发展了,他们都走上"五湖四海"之路。

4. 极致意识

极致意识就是当今大国工匠所说的手中有"绝活","把产品做到无人可以取代的程度"。将产品做到达于化境的红帮工匠甚多,他们以精品打天下、以极品征服世界。他们为我国的党和国家领导人制装;为美国总统福特、老布什、克林顿,日本首相福田康夫、田中角荣、大平正芳,柬埔寨国王西哈努克,尼泊尔国王马亨德拉,埃塞俄比亚皇帝塞拉西,加纳总统恩克鲁玛,坦桑尼亚总统尼雷尔等外国元首制装;请他们制装的社会名流、工商巨头、文体明星就更多了。日本《纤维报》曾载文称培罗蒙为"洋服大物",美国《财富》杂志曾载文称培罗蒙创始人许达昌为"全球八大著名裁剪大师之一"。

红帮工匠还以手中的绝技为身材异常的人创造了许多奇迹。韩国三星集团创始人李秉喆肩膀有点耸,穿上一般的西服就有叉肩缩颈的问题。戴祖贻为他制衣时,思索再三,最后从中国古代的"美人肩"中得到启示,决定将肩部做成斜肩,又把衣服外边的襻顶改放到里边靠近肩部的部位。这样做出来之后,效果非常好。李秉喆为此对戴祖贻赞不绝口,此后他一直在培罗蒙制装,每次到东京都要去看望戴祖贻,两人建立起了终身的友谊。美国著名科学家斯坦·奥弗辛斯基体型呈倒三角形,十分罕见,他到过英国、法国、意大利、新加坡等许多国家,都未做得一件满意的衣服,但戴祖贻却让他如愿以偿了。为此,他十分赞赏戴祖贻的智慧、技巧,认为他极富想象力、理解力。体型有严重问题的,诸如驼背、鸡胸等,都能在红帮工匠那里获得非常满意的服装。

修改服装,也是服装工匠体现极致意识的一个重要方面。任何服装上的"疑难杂症",红帮工匠都能像高明的医生一样,"手到病除"。有的顾客对服装十分考究,有一点点不合身都会要求修改,一次一次又一次,直到完全满意为止。1956年春,印度驻华大使小尼赫鲁在北京某服装店做了一套西服,有些不合意,修改多次仍然难以达到其要求。外交部知道后,即派人陪其到上海,请红帮名师余元芳修改。两天后,这位大使穿上修改好的服装十分满意,当即约请余元芳为他家人做几套西服。好文章是改出来的,好服装也往往是改出来的。戴祖贻深谙此道。对于一次次要求修改服装的人,他是很欢迎的,因为这类顾客是"懂行的",他们才是精品服装的欣赏者。

二 民族文化传承价值

人类社会是在不断竞争中实现优胜劣汰、文明进步的。历史上大国的崛起基本上依靠的是战争侵略、资本扩张和殖民劫掠等手段，但今天大国的崛起凭借更多的是优势文化。文化作为一个国家或民族精神力量的集中反映，作为物质力量的一种体现，其战略地位已随着国际竞争重点的变化而进一步凸显，不同文化之间的比较和竞争也日益成为国际竞争的重要内容。一个国家拥有优势文化就能有效地运用各种资源，有效地组织起先进的生产关系，有效地推动技术和制度创新，更好地应对生存和发展的挑战。可以说，文化的优劣往往决定了国家在国际竞争中的基本态势，谁占领了文化的制高点，拥有强大的文化软实力，谁就能够在激烈的国际竞争中赢得主动。一个国家要崛起，其背后必然是文化的崛起、精神的崛起。越来越多的国家已经将加强本国文化作为谋求国家发展利益和安全利益的一项战略性工作。

中国作为一个正在迅速发展的大国，要在激烈的国际竞争中立于不败之地，必须顺应时代潮流，大力推动文化发展，充分发挥文化对国家整体发展的引领作用。而文化的发展，不仅要充分体现出纵向的进步，而且还要在与其他文化的交流与碰撞中显现优势。因此，中国提高文化竞争力的关键在于既要对五千多年悠久的文明进行批判性传承，也要对其他先进文化进行勇敢的借鉴。从国家层面推动这项工作，将文化提升到国家战略的高度，必然能有效激发中华民族的巨大潜力，在物质领域和精神领域都创造出更大的成就，为中国国际地位的进一步提升打下坚实基础。

党的十九大报告指出，文化是一个国家、一个民族的灵魂。文化兴国运兴，文化强民族强。没有高度的文化自信，没有文化的繁荣兴盛，就没有中华民族伟大复兴。要坚持中国特色社会主义文化发展道路，激发全民族文化创新创造活力，建设社会主义文化强国。中国特色社会主义文化，源自于中华民族五千多年文明历史所孕育的中华优秀传统文化，熔铸于党领导人民在革命、建设、改革中创造的革命文化和社会主义先进文化，植根于中国特色社会主义伟大实践。发展中国特色社会主义文化，就是以马克思主义为指导，坚守中华文化立场，立足当代中国现实，结合当今时代条件，发展面向现代化、面向世界、面向未来的，民族的科学的大众的社会主义文化，推动社会主义精神文明和物质文明协调发展。要坚持为人民服务、为社会主义服务，坚持百花齐放、百家争鸣，坚持创造性转化、创新性发展，不断铸就中华文化新辉煌。

文化作为一个民族的精神记忆、灵魂和血脉，是该民族自我确认、自我阐释、自我表达的符号系统，表征这个民族共有的归属感、认同感和凝聚力。中华民族在长期的发展过程中，历经磨难而百折不挠、生生不息，一个很重要的因素在于，我们创造了饱蕴中华民族思想精髓和价值追求的延续五千年发展至今的灿烂中华文化，在这个基础上形成了强大的民族凝聚力。

如同国家的文化印象是由各行各业各个领域的特色汇集而成的，国家的文化特色也是由每个人、每个集体的个性凝聚而成的。每个人的态度，每个集体的面貌，都在潜移默化地影响着国家文化的形成和变迁。

红帮文化对于整个中华民族的文化而言,虽然不过是沧海一粟,但它底蕴深厚,源远流长,魅力四射,活力无限。红帮在百年传承中,扮演着中国近现代服装业开拓进取的重要角色,积淀了"敢为人先、精于技艺、诚信重诺、勤奋敬业"的思想底蕴,已经成为新红帮人乃至整个中国服装业的文化灵魂。更深入地说,红帮文化并不是一种孤立单一的裁缝行规,它秉承了中华民族的传统美德,代表了古今中外优秀文化的思想精华,一定程度上反映了社会主义新时代的先进文化诉求,从一个侧面体现了当今社会人们的一些积极的价值取向。在传承、弘扬中华民族优秀文化的过程中,红帮文化当然应该占有一席之地,因为它具有这样的价值。

视频:匠心红帮

一 企业文化建设价值

当今世界,企业的生产经营管理活动随着社会的进步正显示出越来越明显的文化导向性。从发达国家的卓越企业来看,现代企业之间的竞争,已经不仅仅是资金、技术、人才、策略的竞争,更主要的是企业文化的竞争。

早在20世纪70年代,美国人就很清楚地意识到了这一点。面对日本刮起的经济旋风和势不可挡的企业竞争力对美国全球经济霸主地位所形成的强烈冲击,美国总统尼克松曾如此提醒自己的国民:"美国遇到了我们连做梦也想不到的那种挑战。"那是一种怎样的挑战呢?经过学习研究日本企业的成功经验,美国人最终得出了如下结论:我们的敌人不是日本人,而是自己企业管理文化的局限性,因为日本企业从全世界收获的利益更多地源自于它们特有的文化。基于这样的认识,1981年,美国管理学家威廉·大内首创了"企业文化"概念。之后,企业文化迅速成为各国企业竞相追逐的重要经营管理之道。人们纷纷用高贵的价值理念重组企业,用美好的精神锻造企业,用超越利益的公共品质包装企业,而由此所取得的巨大成就是任何企业通过硬性管理都难以企及的。世界500强企业的成功经验也无不表明,企业出类拔萃的关键是具有优秀的企业文化,它们引人注目的技术创新、制度创新和管理创新无不根植于其优秀而独特的企业文化。

在中国,随着现代公司制企业的建立和发展,企业文化在企业经营管理中的地位和作用已被越来越多的人所接受。更为可贵的是,一些发展好的企业不但有着极为深厚的文化意识,而且还自觉地将企业文化紧密地融合到了企业生产经营管理的各项活动之中。在宁波,一批成功的红帮企业正是这样的企业,不但做产品,而且做文化。

宁波是红帮裁缝的诞生地,百年的服装制作经验和行业精神给宁波红帮人留下了一笔宝贵的文化财富。改革开放以来,宁波的纺织服装业迅速崛起,尤其是服装企业和服装品牌,无论是在国内还是在国际上都具有较强的竞争力,并已形成以西服、衬衫生产为龙头,集针织服装、女装、童装、皮革服装之大成的庞大产业集群。当代宁波红帮人在市场经济的大潮中经过多年的摸爬滚打,演绎出了一个近乎神话的当代红帮传奇。

孤立地看,这些红帮企业的成功似乎是历史的偶然机遇造成的,但是联系起来看,这些企业的成功就不能归结为历史的偶然机遇,而是某种带有历史必然性的具有恒久稳定影响力的文化造成的。这种文化就是红帮文化。红帮文化已经成为支配当代宁波纺织服装企业经营管理行为的一种"集体无意识"。

红帮的崛起离不开宁波特有的历史文化背景。由于宁波的重商、惠商观念及后来产生的"工商皆本"思想,从19世纪中叶至今,红帮在其百年传承中形成了自己特有的行业文化和企业文化。

党的十一届三中全会以后,改革开放的春风使中国服装业再次在"西风东渐"的国际时尚潮流中迎来了发展的春天。虽然一些红帮西服店的老板早已移师海外,但他们所创品牌的影响力仍在,如上海一些红帮名店培罗蒙、荣昌祥、王荣康、裕昌祥、汇利、春秋、人立、鸿祥、造寸、美云、古今等。当改革开放的春风在中国沿海地区吹起之时,这些红帮名店及红帮传人对东南沿海服装业的催化作用再次突显出来,并在中国服装业的迅速崛起中发挥重要作用。

我国服装业的龙头企业雅戈尔集团的前身青春服装厂,就曾先后与上海的红帮名牌开开、名店人立展开过合作。通过这种合作,雅戈尔不但确立了后来以生产衬衫、西服为主要产品类型的品牌路线,还实现了4000万元的资本积累,为雅戈尔的崛起打下了良好的基础。杉杉集团的前身宁波甬港服装厂当初也曾与上海的春秋服装公司签订几千件麦尔登呢中山装加工合同,为企业扭亏为盈找到了契机;而后通过春秋经理的介绍,又先后与上海的王兴昌、裕昌祥、鸿祥等21家服装公司签订了成交总额达400万元的加工合同。正是有了这样的经验和资金积累,企业才注册了"杉杉"商标,开始在服装市场上打响自己的品牌。还有的宁波服装企业,如罗蒙、培罗成,连品牌名称都来源于上海红帮名店培罗蒙。这两家企业是靠为培罗蒙加工西服起家的,二者的品牌名称也只有一字之差。由这两家企业品牌的命名可以明显看出它们与上海红帮老字号之间的密切关系,同时也说明红帮老字号的影响力之大。借助老字号的品牌影响力,新产品品牌增强了消费者的信任感,快速扩大了自己的产品销路。

现在宁波许多大型知名服装企业的前身都为乡镇民营企业,在起步阶段,依托上海的红帮名店,作为其加工厂而得以生存和发展。在与红帮名店建立合作关系后,这些企业不但实现了资本的原始积累,还得到了红帮高手的技术真传,继承了红帮优良的文化传统,为日后创立自己的品牌做了很好的铺垫。

如今,20世纪80年代初期的那些小型乡镇服装企业早已脱胎换骨,一跃成为引领我国服装业的龙头企业。雅戈尔、杉杉、罗蒙、培罗成等,当年不过几万元起家,如今都有数亿元的固定资产;当年的几架缝纫机,如今都换成了各种国际一流的先进机器设备、操作系统。

当传统的手工西服制作技艺在越来越先进的机器化大生产中逐渐消失,当年红帮老字号的影响力在后起之秀的声名鹊起中也逐渐消退,老红帮似乎成为历史。但是,对于高科技、现代化的红帮纺织服装企业而言,老红帮的技艺和精神正在它们身上延伸,这是一种表面上看不见,却又时时处处能让人深刻感受到的文化传承的力量。其历史进步意义在于,一种由老红帮开创的行业文化正在转变为一种由新红帮着力打造的企业文化,红帮文化在企业文化建设中正日益显示出它的巨大价值。

四 职业技术教育价值

红帮文化作为我国独具特色的地方行业文化，是灿烂的中华民族传统文化中的一朵奇葩，它传承历史，影响当今，延伸未来。对于宁波当地的纺织服装院校而言，红帮文化所凝聚的敢为人先、精于技艺、诚信重诺、勤奋敬业的精神既是一笔弥足珍贵的精神财富，也是一份可遇而不可求的独特教育资源。其丰富的价值内涵，对于促进红帮新人的健康成长具有无可替代的积极作用。学校可以从多个角度，通过多种途径把红帮文化转化为独特的人才培养优势，用红帮精神教育、影响、滋润和哺育学生，使他们成为红帮文化的继承者、弘扬者。

以红帮精神而论，学校可以从创新能力、专业技能、职业道德和工作态度四个角度切入，对学生进行宣传教育。其一是敢为人先，就是要敢为天下先，能与时俱进，开拓创新。现代社会的发展进步可谓日新月异，青年学生未来的职业发展特别需要这种敢为人先的创业精神、创造精神。其二是精于技艺，就是要在技艺修炼上不断超越，精益求精。对于青年学生而言，过硬的本领、精湛的技术是未来的立业之本。其三是诚信重诺，就是要信守承诺，言出必行。大量成功人士的事例证明，诚信是一个人获得社会认可、具备持续发展能量的前提条件。青年学生应该从红帮人身上学习这种精神。其四是勤奋敬业，就是要艰苦奋斗，爱岗敬业。现代社会，职场竞争异常激烈，青年学生正处于增长知识和才干的关键时期，必须具有勤奋求知、顽强拼搏的斗志和吃苦耐劳、坚韧不拔的毅力，保持积极进取的良好精神状态。

对学生进行红帮文化宣传教育的途径当然也可以多种多样。第一，可以通过始学教育宣讲红帮文化。在新生入学的第一时间，组织红帮文化教育讲师团，对学生进行红帮文化教育，让学生一进校门就在头脑中打上红帮文化的烙印，在红帮文化的引领下成长。第二，可以通过课堂教学融入红帮文化。要让红帮文化进课堂，在思想政治理论课和专业课教育中，注意结合红帮文化进行教育，把红帮文化的弘扬与当代大学生的思想道德培养和专业学习有机地结合起来，使学生在学习过程中潜移默化地接受红帮文化的教育。还可以通过开设红帮文化方面的必修课或选修课，对学生进行专门的教育。第三，可以通过开展校园文化活动和社会实践活动，加强对学生的红帮文化教育，使学生在感悟和体验中更好地理解和把握红帮文化的精髓，同时把红帮文化内化为自身的人文素养，外化为自己的行为习惯。第四，可以通过典型人物的典型事迹宣讲红帮文化。要深入企业、深入学生，挖掘和发现传承红帮文化的典型，并通过校园网、校报、校刊、宣传橱窗等载体进行宣传教育，使更多学生自觉争做红帮新人。

其实，红帮文化不只对于职业院校的学生具有教育价值，对于职业院校本身也具有一定的教育品牌价值。在浙江纺织服装职业技术学院，红帮文化就是校园文化的一个著名品牌。从某种意义上来说，有了这个品牌，学校的教育层次就从初级的职业技术教育层面上升到了高级的文化教育层面，学校也就变得更有内涵了。当前，在职业技术教育中有一种认识误区，认为高职院校培养的是技能型人才，只要抓好专业知识、专业技能教育就行了。这样的观点显然是非常片面的。根据教育部的培养目标要求，职业院校应当培养的是高素质技能型人才。什么是高素质？高素质就是高水平的文化修养。由此可见，职业院校的责任是使学生成为既有技能也有文化的人，抓住了前者而丢掉了后者就不是完美的职业技术教育，甚至不是合格的职业技术教育。浙江纺织服装职业技术学院作为浙江省唯一一所以纺织服装行业为背景的职业技术学校，能够依托宁波纺织服装产业的集聚优势，基于服务社会支柱产业的办学目标和思路，倾力打造红帮文化这一校园文化品牌，一方面说明学校的教育是符合国家和社会对职业技术教育要求的，另一方面也凸显了红帮文化的教育品牌价值，其做法值得肯定和赞扬，其经验值得学习和推广。

文档：红帮文化认同程度调查表

总之，红帮文化是既具有职业技术教育价值，又具有教育品牌价值。

第七章 红帮文化的育人实践

文化育人的特点在于春风化雨,润物无声。数年来,浙江纺织服装职业技术学院(以下简称学校)充分发掘特色文化资源,深入推进文化育人工作,形成高端技能人才培养的文化特色。其红帮文化的育人工作传承区域优秀文化,精心培育,提炼生成;深化认识,自觉施行;日积月累,渐成风习;扎实推进,成果卓著。

一 确立人才培养文化坐标

1. 挖掘红帮文化

为推进文化育人工作,2005年以来,学校组织专业人员,成立专门研究机构,开展文化研究。通过研究发现,在东西方文化交融的重要时期——19世纪中后期和20世纪初期,国人的服装开始从峨冠博带的袍服逐渐演变为轻便实用的西式服装。在这个深刻的变革过程中,出现了一个令人瞩目的裁缝群体:一批宁波裁缝率先掌握了做西服的技术,给当时来中国的红头发外国人做西服,因此被称为“红帮裁缝”。红帮裁缝顺应历史潮流,突破传统模式,致力于西服研制,培养专业人才,在近现代中国各帮裁缝中脱颖而出,创造了5个第一:缝制了我国第一套西装,制作了我国第一套中山装,创办了我国第一家西服店,撰写了我国第一部西服专著,创办了我国第一所西服工艺职业学校。红帮裁缝开辟了现代服装新潮流,为中国近现代服装的形成和发展做出了杰出贡献,形成了具有自身特色的红帮文化。

2. 提炼红帮精神

在全面总结、深入研究红帮裁缝的发展史和辉煌成就的基础上,学校提炼出红帮先人的“十六字”精神。一是敢为人先。宁波红帮裁缝敢于开风气之先,率先研制西式服装,并凭借过人的胆略和魄力,以上海为中心,开展技术革新,创办企业,逐步向全国乃至海外发散。正因为宁波有红帮这样“以开辟为事”,富有科学研究、自主创新精神与革新能力的创业群体,所以,孙中山先生评价说“宁波风气之开,在各地之先”。二是精于技艺。红帮人总结了裁缝素质“四功”、形体造型“九势”、成衣效果“十六字诀”,一些红帮传人还掌握了以目测心算替代量体裁衣的绝技。新中国成立后,红帮裁缝给毛泽东主席制作服装,出于安全因素考虑,只能在五六米之外的位置进行目测,但红帮裁缝依然凭着过硬的技术制成了中山装。毛主席身着这套中山装的画像悬挂在天安门城楼上,这足以说明红帮人的高超技术。三是诚信重诺。这具体体现在“加工足料,工序到位,精工细作,永不走样”等方面。红帮人越是生意兴隆之时,越是重质量,精益求精,宁可拒绝十次,绝不失言一次。四是勤奋敬业。红帮裁缝闯荡他乡,不倦拼搏,踏实做人,忠于职守,克服了种种艰难困苦,“走遍千山万水、吃遍千辛万苦、道遍千言万语、想尽千方百计”。

3. 确立育人目标

学校既坐落在红帮文化的发祥地宁波，又以纺织服装为主要办学特色，在纺织服装产业转型升级的大背景下，弘扬红帮精神，传承红帮文化、培养红帮新人，具备了天时、地利和人和。因此，在挖掘红帮文化、提炼红帮精神的基础上，学校确立了"传承红帮文化，弘扬红帮精神，培育红帮新人"的育人总目标。围绕红帮"敢为人先、精于技艺、诚信重诺、勤奋敬业"的精神，结合高职学生职业发展的需要，为了激发青年学生"创新""创业"的职业理想，培育青年学生"匠心""匠艺"的职业技能，构筑青年学生"诚实守信"的职业道德，涵养青年学生"爱岗敬业"的职业情怀，学校形成"修德、长技、求真、尚美"的校训，使之成为学校学生共同的文化追求，也使红帮文化成为高技能人才的文化坐标，促使培养的学生成为专业有技能、就业有优势、创业有能力、提高有基础、发展有空间，能适应生产、建设、管理、服务第一线需要，具有精湛技术、良好职业素养，能够可持续发展的人才。

二 推进红帮工匠精神培育

红帮的形成和发展是一个不断学习与创新的过程，这个过程中所积淀的红帮文化已然成为宁波服装业，乃至中国现代服装业的文化灵魂。如何将红帮文化有机融入地方高职院校德育和素质教育工作中，探讨出一条具有地方特色、纺织服装专业印记的大国工匠精神塑造的新途径，是值得我们深思的。学校从以下四个方面积极探索以红帮文化促进纺织服装类高职学生工匠精神培育的途径。

1. 注重教育宣传：传承红帮文化

(1)抓好课堂教育主渠道

思政课堂教育是主渠道。编写具有红帮文化特色的思政校本辅助教材，将红帮文化作为基础性教育教学内容，将当代工匠精神作为职业教育特殊性内容，融入学生德育教育全过程；重点阐释红帮的精神品质和文化精髓，系统讲授红帮裁缝的知识创新与理论建树，对学生进行文化传承教育，引导他们热爱专业，精于技艺，矢志创新，不断进取。同时开展课程思政建设，尤其是专业课思政建设。基础课和专业课教师要有"这节课我就是班主任"的意识，特别是服装类专业课教师，要发挥独特的优势，把专业知识的传授与红帮文化中创新、勤奋、敬业、守信作风的培养结合起来。

(2)抓好宣传主阵地

通过宣讲、展览、多媒体等方式进行宣传，营造氛围。邀请红帮老人、红帮技艺传承人、红帮研究专家，开设红帮文化专题讲座和交流会，讲述红帮学艺、修德、创新、创业的故事，点燃学生传承红帮文化的热情。利用博物馆、展厅、宣传橱窗、流动展板、灯箱广告、电子屏等阵地，定期或不定期开展红帮实物展、红帮文字图片宣传，并将展览归类上网，举办红帮文化网络展览，从而使得红帮的主要人物、重大事件一一演绎出来，看得见、摸得着。

2. 注重搭建平台：感悟红帮文化

(1)举办红帮主题文化节

开展创新文化、技艺文化、诚信文化和尚美文化四大系列活动，活动载体主要有"挑战杯"创业计划竞赛、创业实体评比、创新创业专题研讨、手工艺制作比赛、师生技能比武、时尚女性评比、红帮金点子大赛等。通过开展主题明确、内容丰富、形式新颖、吸引力强、参与面广的活动,激发师生奋发向上,繁荣学校校园文化。

(2)举办红帮技能大赛

以专业为基础,每年举办人人参与的专业技能大赛,并将比赛与技能考评相结合,与选拔省级、国家级和国际级的技能竞赛选手相结合,通过比赛感悟红帮文化,检验学习成果。

3. 注重实践活动:体验红帮文化

(1)主题实践体验

加强主题社会实践,在实践中体会、体验工匠精神,提升学生的文化素质和道德品质。宁波聚集了众多服装企业,在红帮这一特殊行业群体中,涌现了雅戈尔、杉杉、罗蒙、培罗成、太平鸟、洛兹、博洋、维科等知名企业,它们在企业文化建设方面独具特色和成果。学生在这些企业中培训,能够感知企业文化,融入集体,成为企业的一分子,培养工匠精神。

(2)校园环境熏陶

校园环境是校园文化的重要组成部分,红帮人物、红帮故事、红帮团体、红帮企业是纺织服装类高职院校的独特资源,在校园设计规划和建设中要充分加以利用,通过雕塑的树立,楼宇、广场、路桥及学习生活设施的命名,形成独特的校园文化氛围,使其既成为铸造校园文化的亮丽风景,又给校园带来浓厚的红帮文化气息,达到春风化雨、润物无声的育人效果。

4. 注重培育工程,践行红帮文化

(1)实施工艺技术革新与评比工程

在实训工厂、实训基地、实训企业,针对不同的需求,组织校内、校企合作或是企业的科研小组,在老师和企业专家的指导下,让学生参与工艺改造、技术革新和产品研发等项目,培养创新意识,培育敢为人先精神。以不同的学科、不同的专业开展形式多样的工艺技术评比活动,通过评比提高工艺技术水平,培育精于技艺精神。

(2)打造社会服务培育工程

以个人或者爱心团队的方式,走向社会,通过资助困难学生,照顾孤寡老人,赴贫困地区爱心助教,参与"五水共治",坚持公益援助等社会活动,践行对困难个人、群体的承诺,培养责任意识、担当意识,培育诚信重诺精神。

(3)举办学科竞赛工程

对于在校学生来说,学习是主要任务,学业是否有成,关系着学生的成长成才。开展各种学科、专业竞赛,激发学生的学习兴趣,营造浓厚的学习氛围,培养学生热爱学习、热爱学业的传统,培育勤奋敬业精神。

红帮文化的精髓在于"精""勤""新""信",与工匠精神蕴含的职业理念和价值取向高度一致,将其有机融入地方高职院校的德育和素质教育工作中,培育具有地方特色、行业印记的当代工匠精神,一定能造就众多德艺双馨的大国工匠、行家里手,推动宁波"中国制造2025"试点示范工程,促进我国由制造大国向创造大国转型发展。

三 发扬光大红帮文化

1. 创办“一所一店一馆”，研究传承红帮

（1）一所即红帮文化研究所

2009年4月，研究所启动三大项目：撰写一批专著，现已出版《红帮裁缝研究》《宁波服饰文化》《红帮裁缝评传》《敦煌服饰文化研究》《红帮企业文化》《红楼梦服饰鉴赏》著作6部；开展红帮历史、红帮精神讲座10余次；办好《红帮》专刊2辑，课题“宁波红帮裁缝对辛亥革命的历史贡献研究”获浙江省文化研究工程立项，撰写有关论文10篇。研究所旨在弄清红帮文化的源流变革，把握它的内涵主旨，理清文化育人的思路与策略，寻觅无缝对接的形式和方法，从而为推进红帮文化育人工作提供支撑。

（2）一店即红帮洋服店

以红帮第七、八代传人为核心，组织服装研究和技术人员，全方位面向市场定制西服，严格遵守纯手工定制等特色，向学生传授红帮裁缝技术，使传统红帮裁缝精湛的工艺技术得以传承，培养百余名新型红帮手工艺技师。

（3）一馆即红帮文化展览馆

学校在校内建立场所固定、内容滚动的红帮文化展览馆，陈列红帮服饰200余款、图片物件1000余件，解读红帮文化，见证红帮技艺，展现红帮发展的历史进程，使红帮文化馆成为广大师生了解红帮渊源的场所。

2. 创建“一廊一课一堂”，展示光大红帮

（1）一廊即红帮文化长廊

学校投资15万元，创办了长达60米的双向红帮文化长廊，以红帮人物、事件、历史资料为主线，再现红帮文化内涵，从而使得红帮的主要人物、重大事件一一演绎出来。

（2）一课即红帮文化校本课

学校精心编写红帮文化校本教材，开设红帮文化选修课，要求纺织服装专业学生必修，重点阐释红帮的精神品质和文化精髓，引导他们热爱专业，精于技艺，矢志创新，不断进取。2009年9月已经完成课程设计，2010年春季开始授课，《红帮文化读本》《红帮衣型》《红帮衣型制版技术》《红帮精神解读》等一批教材顺利出版。

（3）一堂即红帮文化大讲堂

近三年来，学校已经举办了40多次讲座，参与学生数量超过5000名，雅戈尔、维科、博洋、GXG等大型纺织服装企业的领军人物、红帮文化研究学者等一大批知名人士相继在讲堂讲课。

3. 创设“一节一院一街”，践行演绎红帮

（1）一节即校园红帮文化节

红帮文化节主要开展创新文化、技艺文化、诚信文化和尚美文化四大活动，活动载体主要有“挑战杯”创业计划竞赛、手工艺制作比赛、师生技能比武等，通过连续开展几届主题明确、内容丰富、形式新颖、吸引力强、参与面广的活动，激发师生奋发向上。

(2)一院即红帮新人创业学院

利用现有师资力量,邀请企业界和专家组成培训团队,选择一批热于创业的学生,开设"创办你的企业""创业学"等选修课程,让学生系统了解创业的基本知识,提高其创新创业的素质和技能。

视频:校歌《心向未来》

(3)一街即一条红帮新人创业街

2008年,学校斥资30多万在校内建造了一条创业街,以在校学生为主体,采用市场化运作模式。经过几期招标,先后有上百个项目进驻,包括服装设计与营销、纺织品设计与营销等。以2011年9月份的招商为例,28个项目经过一学期的创业项目孵化,总产值约达50万元,其中创业园3号店铺纺院综合服务中心项目一学期产值达25万元。

四 提升人才培养质量

学校立足高素质职业人才培养,从大处着眼、小处着手,日积月累,根据文化建设规律,大力推进红帮文化育人工作,努力传承红帮特色文化,发扬"敢为人先、精于技艺、诚信重诺、勤奋敬业"的红帮精神,在学生身上取得了"发力于内""有形于外"的显著成效。

1. 学生创新创业能力显著增强

纺织专业学生参与打造红帮洋服高级定制品牌,在桐乡毛衫市场设立产品开发创意中心等,直接运营品牌6个,完成项目11项,创造产值1.4亿元,引领了服装产业品牌转型的新方向。服装专业学生近几年开发新产品2000余款,直接投入生产250余款,经济效益达1000万元以上。学生作品获浙江省第三届"挑战杯"创新创业竞赛一等奖,学生中涌现出了王明明、石霄鸣等一批学生创业成功典型事迹,受到中国教育报、浙江日报等媒体的广泛报道。在麦可思调查报告中,学校2011届毕业生自主创业的比例达5.5%,明显高于浙江省高职院校平均水平。

2. 专业技能大幅提高

以学生参加各专业技能大赛成绩为例。据统计,学校获得的市级以上奖项,2009年为103项,2010年为141项,2011年为255项,其中三年获得的国家级奖项达到298项,位居全国高职院校前列。尤其值得一提的是,在由美国等36个国家的46位佳丽参加的环球皇后竞选全球总决赛中,学校服装表演专业学生褚佩君获得季军。在第六届全国信息技术应用水平大赛中,王岳超同学在AutoCAD机械设计项目中夺冠,荣获特等奖。学校学生还连续获得五届全国纺织服装类职业院校技能大赛一等奖,其中在第二届大赛中,学生在服装设计与制作、模特技能等方面包揽了全部项目的4个一等奖。学校涌现出一批技术能手、技能尖子,成为用人单位争相竞聘的人才。

3. 社会各界普遍好评

麦可思调研报告显示,学校9成毕业生在校期间价值观得到提升,在"人生的乐观态度"和"积极努力、追求上进"等方面提升较多,对此,社会各界十分认同。学生就业率逐年提高,就业率达98.9%,对口率85.5%,高于全省高职院校和宁波市高职院校平均水平。毕业生的职业道德、工作态度、敬业精神、专业能力和可持续发展能力得到了用人单位的普遍好评,用人单位满意度逐年提高,达到90%以上。学生志愿参与上海世博会、广交会、宁波国际服装节等活动的热情和服务精神得到了主办单位的表扬。

4. 对外影响力不断扩大

在省内,红帮文化获得2010年浙江省高校校园文化品牌,红帮文化育人工作在浙江省高校思政会议上做了专题报告,反响热烈。在国内,红帮文化获得2011年全国高校校园文化建设优秀成果二等奖,2012中国纺织科技人才战略发展大会高度评价学校红帮文化育人工作取得的成效。在国际上,来自英国、韩国的学生在学校积极学习红帮技艺,英国12所高校领导慕名而来参观学校的红帮博物馆,称赞学校的文化育人工作。

5. 上级领导和专家高度赞扬

2011年,全国政协副主席王志珍视察学校时,十分肯定学校素质教育和文化育人工作。2012年,省委常委、宁波市委书记王辉忠在视察学校时,积极评价学校文化育人工作。在学校三年浙江省示范性高职院校建设过程中,红帮文化素质教育模块成为全校工学结合人才培养模式改革平台的重要内容,有力支撑现代纺织技术、服装工艺技术等四大专业及专业群的建设,成为省示范性高职院校建设的一个亮点,受到省教育厅专家组的好评。

视频:浙江纺织服装职业技术学院时尚周

现在,在宁波,在江浙沪,在全国,乃至在海外,浙江纺织服装职业技术学院都被视为红帮文化研究的高地,红帮新人培养的基地,特色文化育人的品牌。

第八章　红帮新人展风采

一　满腹经纶育新人

1. “三堂课”书写不变的情怀

“每一条走上来的路，都有它不得不那样跋涉的理由；每一条要走下去的路，都有它不得不那样选择的方向”，这句席慕蓉的诗，是他的座右铭，也是他脚踏实地、敬业奉献品格的真实写照。他用自己的“三堂课”，书写了教师“躬身为桥、立身为梯”的不变情怀，用体育精神培育、感召学生，让学生们走上了一条属于自己的精彩人生路。他就是欧鹏飞老师。

欧老师的第一堂课是水滴石穿写坚韧。欧老师从事体育教育已经14年了。这14年来，他每年都会从新生中招募对健美操感兴趣的学生组建专业团队，每天清晨6:00，晚上6:00，他都带领队员们刻苦训练。队员中有许多人没有任何舞蹈基础，一开始甚至连一个俯卧撑也做不了，身体的协调能力和柔韧性不强。但他们还是从零开始，练习劈叉、跳跃、支撑，在历经无数泪水和汗水之后，焕发青春朝气，在强健中展示柔韧与唯美。

第二堂课是爱岗敬业写师魂。欧老师发自内心地热爱着健美操教育，为其无悔付出，痛并快乐地学习着成长着。欧老师对健身操的挚爱也深深地感染着同学，使同学们不知不觉迷上了这项运动。然而，在训练过程中也会遇到挫折，每到这个时候，欧老师都会真情面对，坦诚交流，将自己的人生经验悉数传授。在同学们取得点滴进步的时候，及时给予肯定。正是欧老师这种循循善诱的教导，兢兢业业的作风，获得了同学们的敬佩和爱戴，也使健美操团队成为一个无比温暖的集体。

第三堂课是精益求精写追求。从组建第一届健美操队开始，欧老师在健美操教育上倾注了无数心血，一直追求卓越。有一年在备战全国全民健身操舞大赛总决赛时，欧老师标新立异，希望用健美操诠释《白蛇传》这个千古流传的经典爱情故事。虽然，立意高远，但如何实现却成了一件难事。欧老师每个晚上在完成训练之后，收集视频、编排动作、找音乐素材，几乎忙到半夜一两点钟才能睡觉，然后第二天一早又准时出现在健美操房里。最终，《白蛇传》器械操在比赛中获得了最高分。14年来，欧老师带领着健美操队获得了无数的奖项，曾获得中国高职高专健美操比赛第一名，连续3年在全国全民健身操舞大赛总决赛上获得特等奖，连续四次蝉联浙江省大学生健美操锦标赛团体第一名。

欧老师的三堂课深深地影响了同学们。

本校2006届计算机专业的徐云同学，是健美操队的第一任队长，曾在浙江省大学生健美操比赛中获得女子单人项目的冠军。她梦想毕业后成为阿里巴巴公司的员工，然而求职的道路并不顺畅。首次面试失败后，面试官告诉她，公司通常招募的是名牌大学的毕业生，而且工作极其辛苦。而她身体柔弱，未必能承受这份艰辛。徐云并不气馁，在参加第二次面试时，直接告诉面试官自己的学操经历、付出的努力以及最后取得的成功。她的经历深深打动了面试官，公司破例招用了她。入职后，她用当年练习健美操的劲头投入工作之中，表现优异，现在已经是阿里巴巴宁波分公司的客户服务主管了。

视频：欧鹏飞老师

健美操队的队员们都说："欧老师的课堂是体育课堂，也是人生的课堂，虽然在学校里接受健美操训练只有短短三年的时间，但从中学到的人生态度足可以伴随我们走得更远。"

从欧老师身上，我们读懂了"师者为师亦为范，学高为师，德高为范"。他用自身的行为诠释了"教师"这两个字的深刻含义。

2. 东海连天山——祝永志老师援疆二三事

祝永志，两度赴疆功勋多。黑发入疆白发归，永志不改是本色。

祝永志是纺织学院副院长，2012年4月他作为浙江省教育厅选派的援疆专家来到天山南麓的阿克苏职业技术学院（简称阿职院），帮助其进行新疆维吾尔自治区示范性高职院校建设。

援疆2年，父母双亡，生离死别，未见一面，自古忠孝难两全，他舍小家为大家，把失去双亲之悲痛化作援疆工作之动力，2年中，他几乎没有休息过一个节假日，以强烈的责任感和扎实的教学功底，用心、用爱、用情带领团队取得了一个又一个突破。

（1）用心工作开创特色教学

在阿职院，祝老师以一己之身承担了3个项目和1个专业的建设指导与实施工作。他按照"做中学"的教育理念，进行"教、学、做"的一体化课程创新，先后做了13场讲座，完成了20多门课程的设计、教学培训及其资源库和网站的建设，为课程与教学改革提供了范本。

（2）用爱传播带出优质团队

祝老师与阿职院教师建立了师徒关系，用导思想、带业务、传作风的方式加快了青年教师的成长。他精心指导维吾尔族教师，带领团队成功申报了新疆维吾尔自治区特色专业1个，精品课程1门。作为中央财政支持项目负责人，他带领的团队经过2年的艰苦建设，最终在新疆18所高职院校中脱颖而出，取得了优异的成绩。

（3）用情实干服务地方经济

祝老师领导团队对阿克苏纺织工业园50余家企业进行调研，编写了调研报告，草拟了"园区—学校—企业"合作框架，与两家企业签订技术服务协议；与7家企业签订校企合作协议。

要做就做最好，付出终有回报。祝老师的出色工作，深得新疆各级干部和群众的好评。2013年11月26日，时任新疆维吾尔自治区主席努尔白克力一行到访阿职院，亲切地对祝老师说："我代表新疆人民感谢你，你勇挑重担，给新疆带来了先进的职业教育理念和方法，新疆人民不会忘记你。"祝老师因其卓越表现先后荣获优秀援疆专家、优秀援疆干部、优秀共产党员、新疆维吾尔自治区优秀支教教师、全国纺织行业先进个人等荣誉。

视频：祝永志老师

成绩属于过去，奋斗还在继续，祝老师正再接再厉，二次援疆，续写崭新的篇章。

如今，年近60的祝老师，不顾年迈体弱，再次挺身而出，责无旁贷地担起了援疆重任，带着党和人民的重托，带着“变输血为造血”的使命，再次走向阿克苏，开始了新的援疆历程。

祝老师“舍家报国，倾情援疆”，用行动诠释了一名老教师的担当。

二 红帮学子在成长

学科专业竞赛是展示学生学业的平台，我校将学科竞赛与培养应用型人才的办学定位融为一体，以红帮文化促进培育工匠精神，引导学生热爱专业，精于技艺，矢志创新，不断进取。近3年来，学校大学生学科竞赛能力日益提升，参与人数、参与规模逐年增加。同时，学科竞赛向着多层次、多元化方向发展，包括全国少儿礼服设计大赛、鞋靴设计创作大奖赛、全国应用型人才综合技能大赛、全国商科院校会展策划与展示设计大赛、跨境电商创新实践大赛、中国高校智能机器人创意大赛、全国化妆美容行业技能竞赛、大学生服装服饰创意设计大赛、全国职业学校“挑战杯”竞赛、全国纺织服装类职业院校学生纺织面料设计技能大赛等，近3年来（截至2020年6月），据教务处不完全统计，学校共获国家级各类奖项644项，省级各类奖项387项，市级各类奖项125项。

2020年6月20日，第二届KFIP全国少儿礼服设计大赛总决赛在浙江宁波举行。大赛以“梦回唐宋”为题，通过忆梦盛世繁华的唐朝、文化鼎盛的宋朝，以礼服为载体，细数过往的历史文化印记，解读中华服饰文化的基因密码，弘扬民族文化精神。决赛现场，评委们从服装的创意设计、工艺制作和商业价值三个维度对作品进行评判。最终，我校时装学院朱怡洁、郑丽同学的设计作品《惊鸿一瞥》摘得金奖。

第二届KFIP全国少儿礼服设计大赛总决赛现场

2019年12月28日，由浙江省皮革行业协会、丽水市人民政府主办，全国纺织服装职业教育教学指导委员会鞋服饰品及箱包专业指导委员会指导，意尔康股份有限公司承办的第四届“意尔康·工匠杯”鞋靴设计创作大奖赛作品现场评审工作在浙江青田举行。此次大赛共有来自东华大学、四川大学、温州大学、陕西科技大学、扬州大学、江西服装学院等30余所院校以及20余家企业的400余幅(件)参赛作品，评审的专家由院校的、行业的、企业的三部分组成。经过严格评审，我校时装学院麻微微同学的作品《好斗者时代》(侯玉凤老师指导)获得专家们的一致好评，从400余幅(件)参赛作品中脱颖而出，获得此次大赛唯一金奖；我校时装学院叶芷珊同学的《富士四季》(侯玉凤老师指导)获得了此次大赛的铜奖。

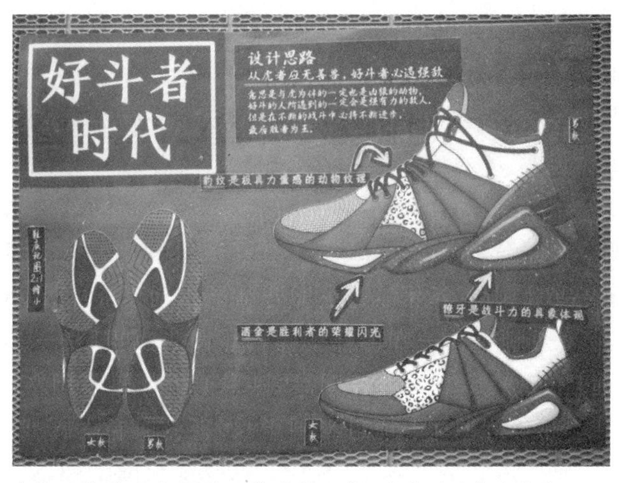

我校时装学院麻微微同学的作品《好斗者时代》设计稿

2019年12月7日，由中共海口市委人才发展局、海口国家高新区管委会联合中国国际经济技术合作促进会、世界职业教育大会暨展览会组委会主办的第五届全国应用型人才综合技能大赛全国总决赛在海南大学举行。全国1100多所院校的1.5万余支队伍报名参赛，我校学子参赛并喜获一等奖3项、二等奖7项、三等奖14项、优秀奖38项。

我校学子在第五届全国应用型人才综合技能大赛比赛现场

2019年12月7日，由中国国际贸易促进委员会商业行业委员会、中国国际商会商业行业商会主办的2019年全国高校商业精英挑战赛“致教杯”跨境电商创新实践大赛全国精英赛在天津举行。我校商学院纪淑军、黄海婷老师指导的团队获得了一等奖。

我校学子在全国高校商业精英挑战赛“致教杯”跨境电商创新实践大赛现场

2019年12月6日至8日，浙江省首届智能机器人创意大赛在浙江大学紫金港校区举行。我校机电与轨道交通学院机械电子创新协会派出的5个代表队在比赛中获得一等奖1项、二等奖2项、三等奖2项。

本次大赛作为中国高校智能机器人创意大赛设立的第一个省级大赛，自启动以来就受到浙江省内广大高校师生的广泛关注和热烈响应，吸引了283支队伍报名参赛。经过专家组评定，共有114个创意设计类作品、15个创意竞技类作品、42个创意格斗类作品入围决赛。我校作品探索者巡线小车获得一等奖，转运机器人和防暴机器人分别获得二等奖和三等奖。

我校学子在浙江省首届智能机器人创意大赛中取得佳绩

2019年11月29日至12月1日，由浙江省大学生科技竞赛委员会主办的第六届浙江省大学生工程训练综合能力竞赛在丽水学院举行。我校机电与轨道交通学院张励老师和孙家豪老师指导的学生团队荣获两个一等奖。

本次竞赛命题主要为自主设计并制作一种智能制造工程背景中的物流小车，小车应具有车间作业中的物料识别、搬运、码垛、避障等功能。参赛者通过前期准备完成一套符合本命题要求的可自动运行装置，进行现场竞争性运行、现场拆改调试和实操的考核。

我校学子在浙江省大学生工程训练综合能力竞赛现场

2019年11月20日至23日，由中国商业联合会、中国工商设计协会展示设计专业委员会、教育部职业院校艺术设计类专业教学指导委员会联合举办的第十三届“红星会展杯”全国商科院校会展策划与展示设计大赛在湖南长沙举办。我校艺术与设计学院选送的作品全部入围决赛现场汇报及答辩环节，最终，入选的7件作品获得了一等奖2项、二等奖3项、三等奖2项，张敏、李治锌、周韶、杨文明4位老师获得了最佳辅导教师奖，我校获得了优秀组织奖。

我校学子在全国商科院校技能大赛会展策划与展示设计大赛现场

2019年11月19日，由中国美发美容协会主办的2019中国(抚州)国际美发美容节在江西抚州开幕。我校学子参加2019全国发型/化妆/美甲/美睫/美容护肤/持久美妆大赛，在激烈比拼中荣获金奖5项、银奖3项、铜奖2项、单项奖2项，这是我校人物形象设计专业在全国行业竞赛中取得的最好成绩。我校获得2019年度十大优秀教育机构称号。

我校人物形象设计专业学生在2019中国(抚州)国际美发美容节现场

2019年10月19日至20日，浙江省第七届大学生中华经典诵读竞赛决赛在绍兴文理学院举行，我校学子取得佳绩：艺术与设计学院2018级表演艺术 (舞蹈) 专业张琰同学获一等奖；中英时尚设计(国际)学院2018级服装与服饰设计(中日合作) 专业郑旭迪同学获得二等奖；商学院2017级市场营销专业夏静同学，时装学院2018级服装设计与工艺专业高洁、钱依翎同学，时装学院2018级服装与服饰设计专业丁佳怡同学获得三等奖。

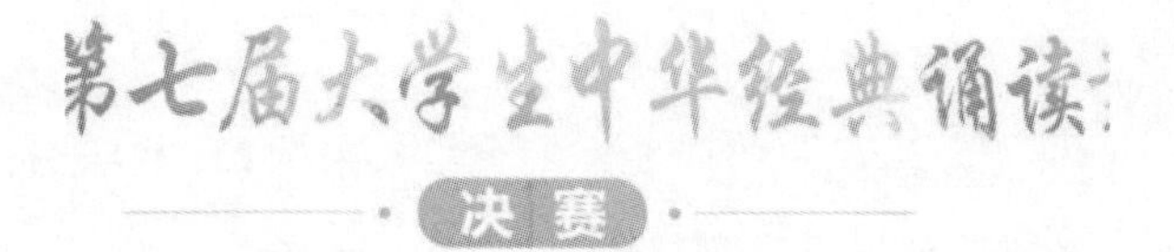

我校学子获浙江省第七届大学生中华经典诵读竞赛一等奖

2019年11月15日至16日,浙江省第三届大学生服装服饰创意设计大赛决赛暨颁奖典礼在浙江理工大学举行。大赛由浙江省大学生科技竞赛委员会、浙江省纺织工程学会、浙江省服装行业协会主办,浙江理工大学服装国家级实验教学示范中心承办,中国纺织服装教育学会、浙江红袖实业股份有限公司提供重要支持。此次大赛是浙江省的省级学科竞赛A类赛事,共有浙江省22所高校选送的272组选手参赛。我校1名同学获一等奖,多名同学荣获二等奖、三等奖。

我校学子在浙江省第三届大学生服装服饰创意设计大赛中获奖

2019年11月1日至3日,由中国纺织服装教育学会、教育部高等学校纺织类专业教学指导委员会、全国纺织服装职业教育教学指导委员会主办的第九届全国大学生外贸跟单(纺织)+跨境电商职业能力大赛在武汉纺织大学举行。我校时装学院周苗苗同学获高职组个人一等奖,章辰雨同学获高职组个人二等奖。

我校学子在第九届全国大学生外贸跟单(纺织)+跨境电商职业能力大赛现场

2019年10月27日至11月1日，“民族魂·中国梦”2019年浙江省大学生艺术节在浙江理工大学举行。我校艺术与设计学院2018级舞蹈班全体同学展演了原创剧目《雾雨电》及学习剧目《碇步桥水清悠悠》，均获舞蹈比赛甲组一等奖，并同时获得了“优秀组织奖”。

我校学子在“民族魂·中国梦”2019年浙江省大学生艺术节现场

2019年10月18日至20日，浙江省第七届职业院校“挑战杯”创新创效竞赛决赛在金华职业技术学院举行。我校共有4个项目入围决赛，最终时装学院韩纯宇老师指导的“手之造物，土布风尚”项目、陈海珍老师指导的“全降解U型枕折叠雨衣”项目和纺织学院林晓云老师指导的“微胶囊@咖啡炭—功能性无缝提花墙布”项目获一等奖，中英时尚设计(国际)学院于虹老师指导的“中英文化背景下的品牌视觉创意设计”项目获二等奖。

我校学子在浙江省第七届职业院校“挑战杯”创新创效竞赛决赛现场

亚洲学生包装设计大赛是由日本国际交流基金会发起、日本ASPaC事务局主持的亚洲地区高校包装设计专业在校学生作品评比交流活动,历届大赛吸引了日本、中国、韩国、新加坡、泰国、印度尼西亚、马来西亚、菲律宾、越南等国家和地区的在校学生踊跃参与。

ASPaC2019亚洲学生包装设计大赛暨Olympac2019奥林匹克学生包装设计竞技大赛中国赛区竞赛在全国高校中展开,有220所学校积极参加,经过激烈角逐,最终27所学校入围63件作品。我校信息媒体学院2016级数字媒体艺术设计专业朱淑婷同学的毕业设计作品《玉祥泰糖果包装》是唯一入围的职业院校设计作品。

我校信息媒体学院朱淑婷同学的作品《玉祥泰糖果包装》

2019年9月20日至22日,由中国纺织服装教育学会、全国纺织服装职业教育教学指导委员会、纺织行业职业技能鉴定指导中心联合主办的“方达杯”第十一届全国纺织服装职业院校学生纺织面料设计技能大赛在成都纺织高等专科学校举行,来自江苏、广东、浙江、山东、江西、广西、四川等地院校的100多名学生参加了此次大赛。我校学子斩获一等奖3项、二等奖6项、三等奖3项、优秀奖3项,并获团体一等奖。

我校学子在第十一届全国纺织服装职业院校学生纺织面料设计技能大赛中获奖

在由中国包装联合会举办的2019中国包装创意设计大赛中，我校信息媒体学院包装策划与设计专业的学生荣获多个奖项。其中，2017级施京烂同学的“金字塔”三角饼干包装设计荣获一等奖，另有3个二等奖、6个三等奖。

我校信息媒体学院施京烂同学的“金字塔”三角饼干包装设计

2019年8月27日至28日，首届“意法杯”女装设计大赛决赛在浙江杭州举行。我校时装学院2017级服装设计与工艺专业洪宇同学与其他入围选手同台展示，获得了本赛事的银奖，同时还获得了单项奖“潮流先锋奖”，也荣获了“十佳新锐服装设计师”称号。

我校时装学院洪宇同学获首届“意法杯”女装设计大赛银奖

2019年7月6日至9日，由国际中华文化艺术交流展演协会、国际中国音乐家联合会、国际古琴学会、浙江洛申文化发展有限公司联合主办的2019“琴歌诗词”艺术展演在浙江杭州举行。来自全国各地的名家和三百多名参与者相约美丽的西子湖畔，用琴歌唱出诗词，以中国声音传递中国文化。我校雅乐团参加了此次展演活动，并一举获得团体一等奖、最佳琴歌作品奖两项大奖。

我校雅乐团在2019“琴歌诗词”艺术展演现场

2019年6月2日，第九届全国大学生计算机应用能力与信息素养大赛暨海峡两岸大学生计算机应用能力与信息素养大赛在首都经贸大学圆满结束。本届大赛共有200多个本专科院校代表队参赛，近15000名同学参加大赛的7个单项预赛，最后进入总决赛的院校代表队有146个，参赛选手数为901人晋级率仅为6%。我校信息媒体学院2017级信息班陈根淇同学和2018级信息班俞沈越、蒋坤凌同学荣获2个一等奖、4个三等奖。

我校获奖师生在第九届全国大学生计算机应用能力与信息素养大赛总决赛现场

2019年5月26日至31日，全国职业院校技能大赛高职组艺术专业技能(声乐表演)赛项决赛在北京戏曲艺术职业学院举行。我校表演艺术(音乐)专业学生郑舒曼以总分第8名的成绩获美声组二等奖。

我校表演艺术(音乐)专业学生在2019年全国职业院校技能大赛的参赛表现

2019年5月，由中国商业联合会、海南省商务厅联合主办的首届海南时装周全国高校服装设计专业优秀毕业生作品设计大赛在海南海口举行。我校时装学院李金津等同学获得1项银奖、1项创意奖、1项市场奖。

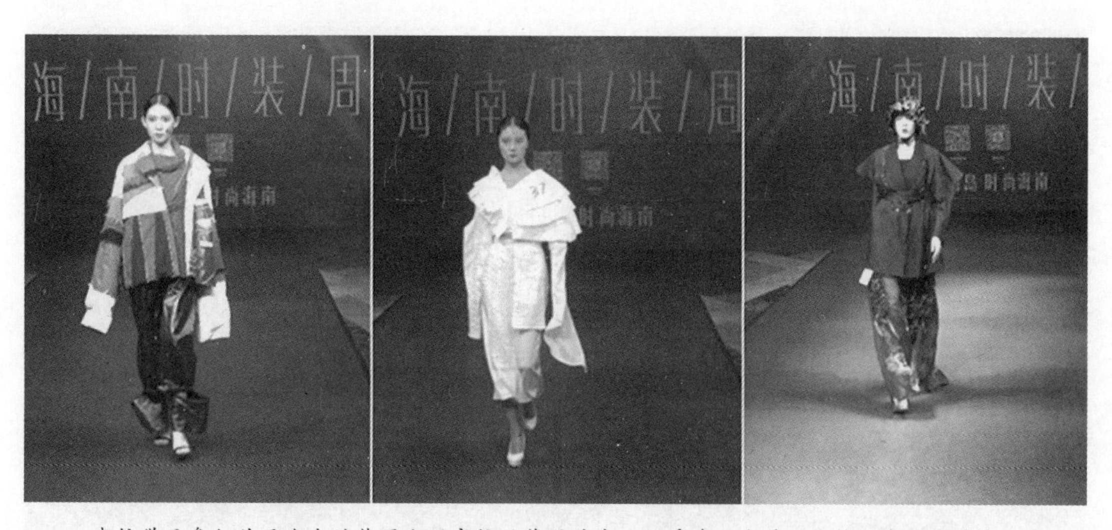

我校学子参加首届海南时装周全国高校服装设计专业优秀毕业生作品设计大赛的获奖作品

作为尚坤塬·2019中国国际大学生时装周的重要内容，由中国服装设计师协会和深圳市格林兄弟科技有限公司共同主办的2019“格林兄弟杯”中国(大学生)橱窗设计大赛决赛于2019年5月19日在751751D·PARK第一车间落下帷幕。我校2017级服装陈列与展示设计专业章芸、李海真同学设计的作品《机械时代》荣获唯一金奖。

我校学子在“格林兄弟杯”中国(大学生)橱窗设计大赛决赛现场

2019年4月27日至28日,由教育部高等学校统计学类专业教学指导委员会、中国商业统计学会共同主办的第九届全国大学生市场调查与分析大赛专科组总决赛在江苏经贸职业技术学院举行。我校时装学院首次组建队伍参赛,2017级时装管理班张娜哒、王新婷、陈诚兴、陈海飞、卢照雅5位同学组建的“尚彩飞扬”团队的作品荣获全国专科组总决赛二等奖。

我校“尚彩飞扬”团队在第九届全国大学生市场调查与分析大赛专科组总决赛中荣获二等奖

2019年4月20日，由高校毕业生就业协会和金蝶软件（中国）有限公司主办，金蝶精一信息科技服务有限公司与上海立信会计金融学院联合承办的2018（第三届）“金蝶云管理创新杯”“互联网+”管理应用大赛全国总决赛在上海举行。我校信息媒体学院计算机信息管理专业潘英杰、金建盈、张咏仪3位同学组建的“云上飞蝶”队在本次总决赛中以高职组总分第二的成绩勇夺一等奖。

我校信息媒体学院学子在“金蝶云管理创新杯”“互联网+”管理应用大赛全国总决赛中获一等奖

2019年4月13日至16日，第十三届中国大学生服装立体裁剪设计大赛决赛在上海举行。本次大赛有来自清华大学、东华大学、鲁迅美术学院等学校的39个系列作品参加角逐，我校是入围院校中唯一一所高等职业技术院校。最终，我校时装学院的干秦洪、丁成林、洪宇同学首次获得了本项赛事的“立裁技术金奖”，团组获得了“优秀选手奖”。

我校时装学院学生在第十三届中国大学生服装立体裁剪设计大赛决赛中获“立裁技术金奖”

2019年3月22日至24日，由浙江省教育厅主办的2019年浙江省高职高专院校“服装设计与工艺”赛项暨全国职业院校技能大赛选拔赛“服装设计”与“服装制版与工艺”赛项在嘉兴职业技术学院举行。我校时装学院4组选手分别获得1个一等奖和3个二等奖。

我校王剑峰同学在“服装设计与工艺”赛项比赛现场，照片曾刊登在《嘉兴日报》上

以“觉·造梦时代”为主题的第三届中国国际时装设计创新作品大赛决赛于2019年1月7日在广东深圳举行。我校时装学院服装与服饰设计专业学生叶金津、贺子墨作品 *The Cowboy Breaks the Peace* 在决赛中喜获三等奖。

第三届中国国际时装设计创新作品大赛决赛中我校获奖学生作品

2018“匠心·青春梦”服装设计创新创意大赛现代女性内衣设计总决赛在天津落下帷幕。本次大赛从西安工程大学、华南农业大学等11所院校的500多件参选作品中选出106项单件、39组主题作品亮相决赛现场。我校时装学院服装与服饰设计专业柳新颖、徐茜同学设计的作品《绚》在决赛中荣获一等奖。

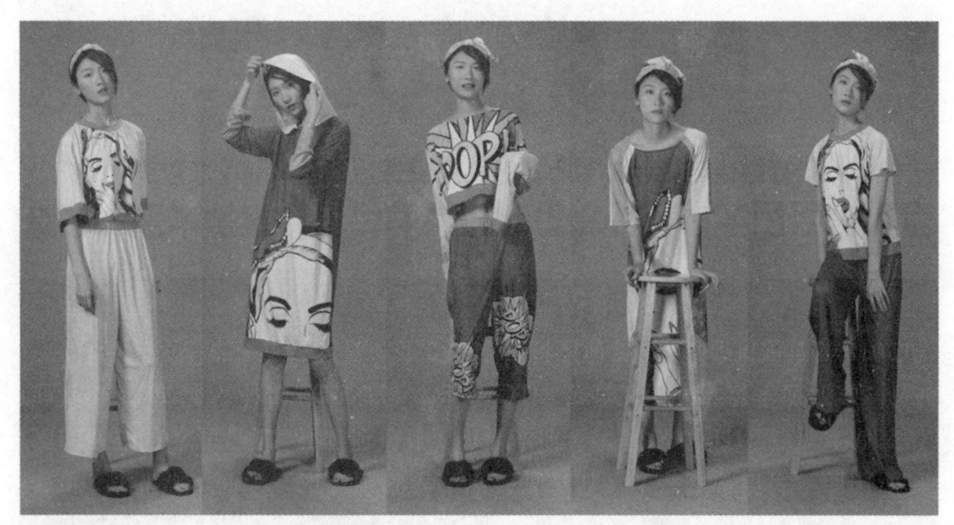

我校学生作品在2018“匠心·青春梦”服装设计创新创意大赛现代女性内衣设计总决赛中获一等奖

2018年11月7日，由中国美发美容协会主办的全国美容护肤大赛在北京举行，我校人物形象设计美容专业学生章梦丹、曾嘉敏斩获一银一铜的好成绩。2018年全国美容护肤大赛是中国美发美容协会主办的国家级美容赛事，中国美发美容协会作为由国家民政部批准注册的中国美业唯一的全国性行业组织，首次将专业美容护肤纳入国家级技能比赛项目。

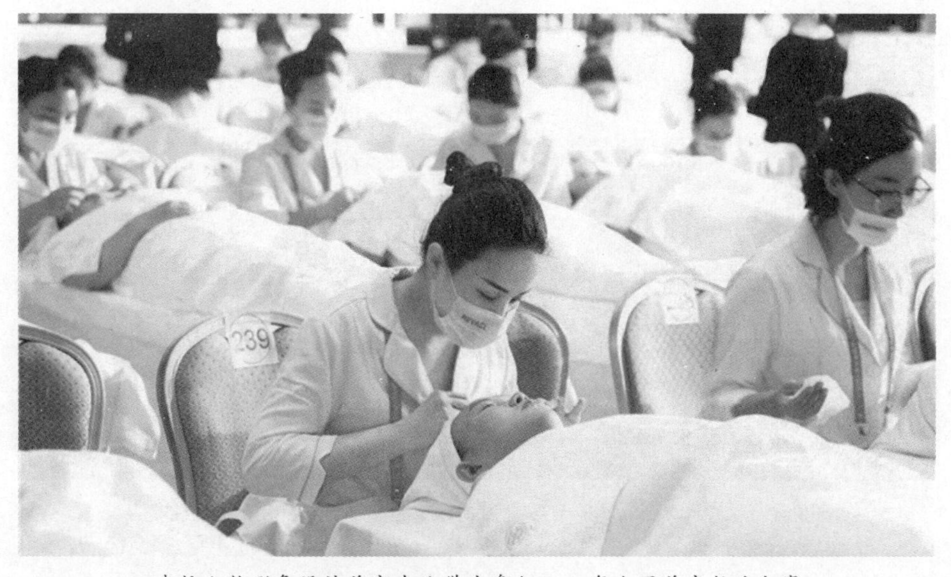

我校人物形象设计美容专业学生参加2018年全国美容护肤大赛

2018年11月18日，我校艺术与设计学院2016级美术专业赵佰仁同学的油画作品《新起旧存》入选2018年全国油画作品展，取得了在校学生作品首次入选全国性美展的突破性成绩。

我校2016级美术专业赵佰仁同学的油画作品《新起旧存》

2018年11月，“红绿蓝杯”第十届中国高校纺织品设计大赛在浙江绍兴举行。在由研究生、本科生和高职大专同台竞技的“希塞尔”纤维专题设计组，我校纺织品设计专业学生朱亚婷、张盛泽、潘刘霞的作品荣获一等奖，张晓秋、李少峰、王慧的作品荣获三等奖。

我校学子在“红绿蓝杯”第十届中国高校纺织品设计大赛颁奖典礼现场

2018年11月4日，由中国商业联合会、中国商业联合会健康美业专业委员会、上海美发美容行业协会承办的全国商业行业美容美发职业技能竞赛总决赛在上海光大会展中心隆重举行。我校人物形象专业叶紫琼、王玮琦2位同学获职工组新娘化妆金奖，张馨迪、罗予延2位同学获职工组晚宴化妆银奖，陈龙、奚乙和张舒怿3位同学分别荣获新娘盘发、晚宴化妆、新娘化妆项目铜奖。

我校人物形象专业学生作品在全国商业行业美容美发职业技能竞赛总决赛中获奖

浙江省第十届大学生职业生涯规划与创业大赛于2018年10月31日在浙江农林大学落下帷幕。我校的“盛泽伞厂”项目喜获高职高专组创业类一等奖，这是学校自2011年参赛以来荣获的第九个一等奖。

我校学子参加浙江省第十届大学生职业生涯规划与创业大赛

2018年10月19日,“蜀菁杯”第十届全国纺织服装职业院校学生纺织面料设计技能大赛在成都纺织高等专科学校举行。我校纺织学院学生获一等奖3名、二等奖7名、三等奖3名。

我校纺织学院学生在第十届全国纺织服装职业院校学生纺织面料设计技能大赛荣获团体一等奖

由中国纺织服装教育学会、全国纺织服装职业教育教学指导委员会、纺织行业职业技能鉴定指导中心联合主办的“闰土杯”第十届全国职业院校学生染色小样工技能大赛于2018年10月12日至14日在广东职业技术学院成功举行。我校染整专业学生获一等奖1名(周寅凯)、二等奖2名(潘婷婷、杨帅)、三等奖3名(周锋、杨世亮、沈祝寅娜),并荣获团体二等奖。

纺织服装教育学会会长倪阳生与我校参赛师生合影

2018年8月13日至17日,“挑战杯——彩虹人生”全国职业学校创新创效创业大赛决赛在江苏南京举行。我校纺织学院学生翟梓翔、柯露燕等负责的项目“‘石墨烯+’功能/智能纺织品创新设计”荣获全国总决赛一等奖。

我校荣获“挑战杯——彩虹人生”全国职业学校创新创效创业大赛决赛一等奖师生合影

2018年5月17日至5月20日，第十七届全国大学生机器人大赛（RoboMaster 2018机甲大师赛）在南京理工大学举行。这是由共青团中央、全国学联、深圳市人民政府联合主办，大疆创新科技有限公司发起并承办的一项赛事，也是一个为青年工程师打造的、团队射击对抗的全球机器人竞技平台，以其颠覆传统的竞赛方式、激烈震撼的竞技风格，得到了来自社会各界的广泛认可，现已成为全国影响力最大、关注度最高的大学生机器人科技竞赛，同时已成为全球规模最大的、机器人赛事之一。这是我校连续4年参加该比赛，与包括华东师范大学、浙江大学等中部分区赛的46支队伍通过同台竞技争夺晋级全球总决赛的10个名额。7月26日，我校作为国内唯一的高职院校团队与国外名校弗吉尼亚理工学院同台竞技，以2:0取胜。

我校师生在第十七届全国大学生机器人大赛（RoboMaster 2018机甲大师赛）现场

2018年5月18日，在北京举行的2018中国国际大学生时装周颁奖典礼上，我校中英时尚设计（国际）学院服装与服饰设计专业作品展荣获“2018中国国际知名高校服装（服饰）作品展十佳视觉设计奖”，使我校成为10个获奖院校里唯一一个高职类设计院校。中英时尚设计（国际）学院服装与服饰设计专业汪悦同学在与中国美院、香港理工大学、北京服装学院等54所国内知名设计类院校的978套优秀作品同台评选中，荣获重磅专项奖“2018中国国际大学生时装周女装设计奖”，获得这一奖项的仅有5个作品，而我校是获奖院校中唯一一所高职院校。

2018中国国际大学生时装周我校学生作品

2018年（新加坡）全球品牌策划大赛中国地区选拔赛由全球华人营销联盟（GCMF）、教育部高等学校经济与贸易类专业教学指导委员会、中国国际商会商业行业商会、中国国际贸易促进委员会商业行业分会、中国商业文化研究会和昆明市博览事务局共同主办，此次竞赛共有25个省、自治区、直辖市及特别行政区的148所高等院校的500余支参赛队报名参赛。我校学子在强手如云的全国品牌策划这种专业性的大赛中已连续3年获一等奖。

我校学子在2018年(新加坡)全球品牌策划大赛中国地区选拔赛中荣获一等奖

2018年3月29日，在由浙江省人力资源和社会保障厅主办的第45届世界技能大赛浙江省选拔赛3D数字游戏艺术项目比赛中，我校信息媒体学院2015级动漫2班周妙颖同学以第一名的成绩获得国赛资格，再次展现了我校学生精湛的专业技能。

我校学子在第45届世界技能大赛浙江省选拔赛3D数字游戏艺术项目比赛中荣获第一名

2016年底，我校纺织学院章放等同学创立了宁波南辰北斗文化传播有限公司，并获得种子轮、天使轮融资，融资金额数百万。2017年11月，南辰北斗在宁波股权交易中心挂牌。公司致力于东方神话故事IP开发、IP孵化、IP授权、IP文化咨询以及优秀画师团队的建设和运营等，打造IP产业链。

公司的主营业务主要由精品IP授权及漫画分成和快餐IP的授权构成。拥有《罪八仙》《神嫁》《妖捕》等精品IP，视频解说栏目《听辰说》，公司同漫画岛、腾讯动漫、网易漫画、站酷、有妖气等众多平台有着良好的合作关系。另外，公司利用各项资源，为企业提供漫画、插画、平面设计、视频电影拍摄、视频剪辑及后期制作、商业策划等服务。

经过近两年的努力，公司已经成为以打造原创IP为核心的文化创意公司，在业界享有一定声誉。公司打造的精品项目曾荣获中国文博会的优秀展示奖、浙江省第六届职业院校“挑战杯”创新创业竞赛特等奖、全国高校优秀创业项目资本对接会百强项目、“大红鹰杯”首届宁波市大学生创业大赛企业组二等奖、宁波市高校十大创业明星、浙江省第十一届“挑战杯·萧山”大学生创业大赛大学生创业计划竞赛金奖、第四届浙江省“互联网+”大学生创新创业大赛金奖、中国宁波青年大学生创业大赛慈溪赛区冠军、宁波市大学生创业与创新(文创)新秀奖、“金芒奖”闪亮之星等荣誉称号。

2018年4月，公司荣获宁波市优秀创新创业项目落地奖20万。公司Pre-A融资计划已经与多家专业投资机构达成投资意向。

我校纺织学院章放等同学负责的“宁波南辰北斗文化传播有限公司”项目与浙江大学等本科高校同台PK，荣获浙江省第十一届“挑战杯·萧山”大学生创业大赛大学生创业计划竞赛金奖，并首获浙江省“互联网+”大学生创新创业大赛金奖

学校获得的其他奖项如下：

我校2016级针服班学生楼燕在第三届“濮院杯”PH Value中国针织设计师大赛中荣获二等奖和浅秋最佳风格设计单项奖

我校电竞社获2017世界大学生电竞联赛全球总决赛(王者荣耀精英组)亚军

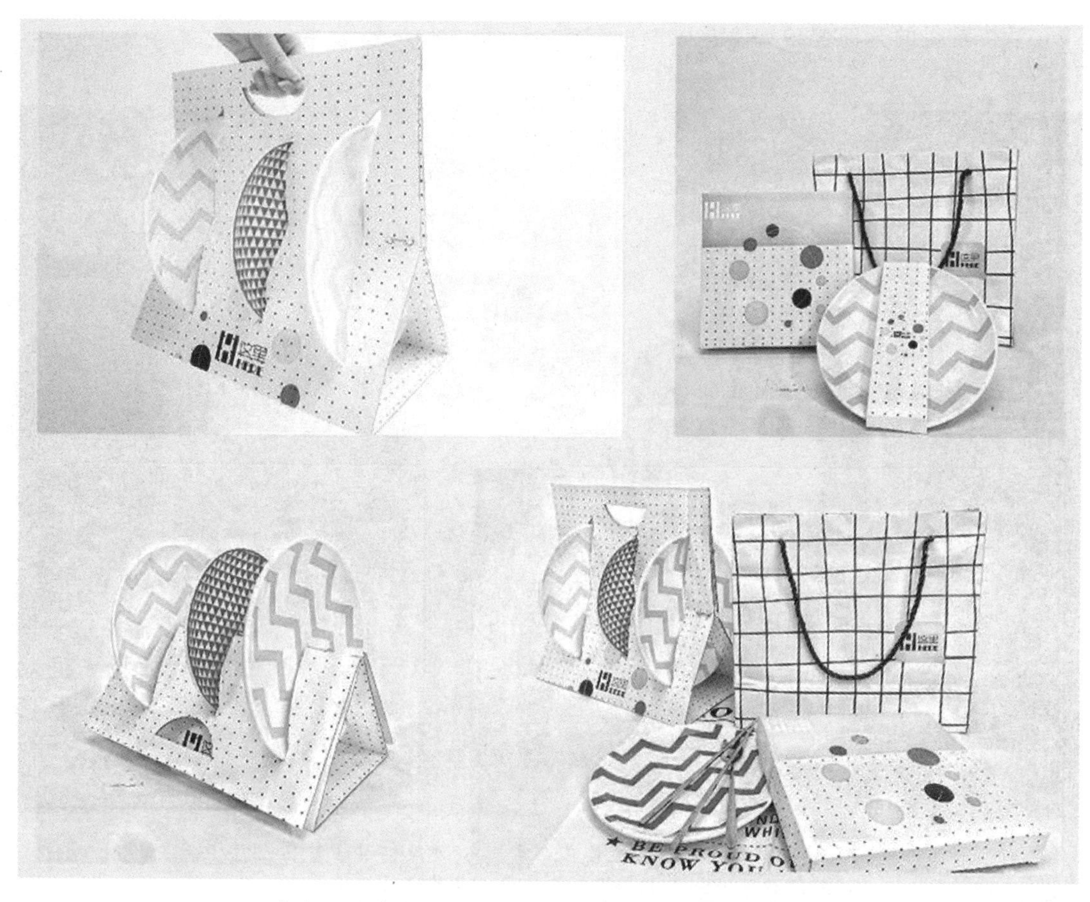

2017年全国大学生工业设计类设计作品大赛我校学生获奖作品

2018中国网络模特大赛总决赛我校获奖学生

我校2016级服装表演专业冯佳思同学获得2017第26届世界小姐大赛上海赛区总决赛冠军，该同学曾获2017中国网络模特大赛总决赛亚军，在2017国际旅游小姐大赛中国总决赛中也喜获十佳

在第六届全国职业院校学生纺织面料检测技能大赛中，我校纺检专业李欢乐同学获一等奖，陈杰锋、李龙妹、宋云杰3名同学获二等奖，章颖芳同学获三等奖

我校连锁经营专业代表队获第四届中国零售新星大赛决赛二等奖

视频：第二届全国纺织服装类高职高专院校学生技能大赛

文档：红帮文化知识竞赛题库

参考文献

[1]钱茂伟.宁波历史与传统文化.宁波:宁波出版社,2007.

[2]杨馥源.儒魂商魄:慈城望族与名人.宁波:宁波出版社,2007.

[3]陈万丰.中国红帮裁缝发展史:上海卷.上海:东华大学出版社,2007.

[4]季学源,陈万丰.红帮服装史.宁波:宁波出版社,2003.

[5]熊玲.中国早期服装产业史研究.上海:东华大学,2002.

[6]王新生.日本简史.北京:北京大学出版社,2005.

[7]中国社会科学院近代史研究所中华民国史研究室,中山大学历史系孙中山研究室,广东省社会科学院历史研究室.孙中山全集:第二卷.北京:中华书局,1982.

[8]王淑华.忆南京李顺昌服装店//江苏省政协文史资料委员会.江苏文史资料集萃:经济卷.南京:江苏文史资料编辑部,1995:224-226.

[9]编纂委员会.上海日用工业品商业志.上海:上海社会科学院出版社,1999.

[10]吕国荣.宁波服装史话.宁波:宁波出版社,1997.

[11]上海人民出版社.章太炎全集.上海:上海人民出版社,1984.

[12]苏生文,赵爽.素裙革履学欧风:中国近代服饰的变迁(四).文史知识,2008(7):77-83.

[13]陈锡祺.孙中山年谱长编:上册.北京:中华书局,1991.

[14]中国人民政治协商会议全国委员会文史资料研究会.辛亥革命回忆录.北京:文史资料出版社,1981.

[15]刘云华.传统本帮裁缝转型红帮裁缝的根本原因:西风东渐.浙江纺织服装职业技术学院学报,2009,8(3):54-56.

[16]陈蕴茜.身体政治:国家权力与民国中山装的流行.学术月刊,2007,39(9):139-147.

[17]陈正卿.荣昌祥和鸿翔:上海服装业的骄子.(2013-06-24)[2019-05-16].http://history.eastday.com/h/20130624/u1a7474590.html.

[18]周新国.孙中山的服饰改革思想与实践.炎黄春秋,2003(8):42-45.

[19]冯维国.情深艺高:记北京红都时装公司高级服装师田阿桐.中国时装.1986(1):16-19.

[20]刘云华.红帮裁缝研究.杭州:浙江大学出版社,2010.

[21]上海市档案馆.西服业工厂管理规则:S241-1-2-1.[2019-05-22].

[22]上海市档案馆.西服业工厂管理规则.修订:S241-1-2-5.[2019-05-22].

[23]上海市档案馆.上海市西服商业同业业规:S241-1-2-15.[2019-05-22].

[24]上海市档案馆.职业教育论:D2-0-1551-4.[2019-05-23].

[25]上海档案馆.上海市西服商业同业公会第三次会员大会:S241-1-13.[2019-05-23].

[26]上海档案馆.上海市西服业商业同业公会请求配给木料缝纫机信函:S241-1-20.[2019-05-23].

[27]上海档案馆.裁剪、会计训练班的毕业典礼记录:S241-1-22.[2019-05-23].
[28]顾天云.西服裁剪指南.上海:宏泰西服号,1933.
[29]李瑊,乐胜龙.红帮名家戴祖贻.北京:中国文史出版社,2017.
[30]季学源,竺小恩,冯盈之,等.红帮裁缝评传:增订本.杭州:浙江大学出版社,2014.
[31]叶清如.红帮第六代传人江继明传.北京:中国国际文化出版社,2013.
[32]竺小恩.红帮敢为人先的创新精神略论.浙江纺织服装职业技术学院学报,2011,10(3):64-68.
[33]陈光.传承红帮文化培育红帮新人//陈星达.红帮文化研究论文选:2001—2011.杭州:浙江大学出版社,2012.
[34]竺小恩.中国近代服饰变革与古代服饰变革之比较//陈星达.红帮文化研究论文选:2001—2011.杭州:浙江大学出版社,2012.
[35]冯洪江.培罗成:坚持经典的力量.企业家信息,2008(5):93-97.
[36]夏春玲,魏明,刘霞玲,等.宁波纺织服装产业发展报告.北京:中国纺织出版社,2016.
[37]季学源.孙中山服饰大变革的思想、理论与实践.浙江纺织服装职业技术学院学报,2011,10(4):42-48.
[38]任天佑.文化强国:国家战略的新境界.(2012-12-03)[2019-06-10].http://www.wenming.cn/whtzgg_pd/tsyj/201212/t20121203_965157.shtml.
[39]习近平.决胜全面建成小康社会 夺取新时代中国特色社会主义伟大胜利:在中国共产党第十九次全国代表大会上的报告.(2017-10-27)[2019-06-10].http://www.xinhuanet.com/2017-10/27/c_1121867529.htm.

后 记

新形态教材《红帮文化简明读本》已经使用一年，在这一年中，我们听取了各方意见，尤其听取了浙江纺织服装职业技术学院郑卫东校长的建议，对优秀企业与企业家文化进行了重新梳理，更新了当代红帮产业发展数据，更新了红帮学子取得的成绩，对部分文字进行了修改。

全书文稿部分分别由以下同志负责：冯盈之负责第一、三章，张宏儿、茅惠伟负责第二章，方玉凤、张艺、季学源负责第四、五、六章，王丁国、余赠振负责第七章，江雪芳负责第八章。

全书视频大部分由余赠振负责搜集与编辑制作。

季学源老先生给予了大力帮助与指导，夏春玲老师提供了宁波纺织服装产业发展的数据材料，林坚老师给予了大力支持。

全书由冯盈之负责架构并统稿。

最后，特别感谢浙江纺织服装职业技术学院、浙江大学出版社给予我们的大力支持和帮助。同时竭诚欢迎各位方家、读者对我们的新尝试提出宝贵意见，以利于本书的进一步修改与完善。

编者

2020年6月

于浙江纺织服装职业技术学院文化研究院